The Secret Of The Achievement

成功大道

【美】奥里森·斯韦特·马登 著
Orison Swett Marden

胡彧 / 译

Orison S. Marden

山东人民出版社
全国百佳图书出版单位 一级出版社

图书在版编目（CIP）数据

成功"大道"／（美）马登著；胡彧译．—济南：
山东人民出版社，2012.11（2023.4重印）
ISBN 978-7-209-06903-8

Ⅰ．①成… Ⅱ．①马… ②胡… Ⅲ．①成功心理－通俗
读物 Ⅳ．①B848.4-49

中国版本图书馆CIP数据核字（2012）第256401号

责任编辑：刘　晨
封面设计：Lily studio

成功"大道"

（美）奥里森·斯韦特·马登 著　胡　彧 译

主管部门　山东出版传媒股份有限公司
出版发行　山东人民出版社
社　　址　济南市舜耕路517号
邮　　编　250003
电　　话　总编室（0531）82098914
　　　　　市场部（0531）82098027
网　　址　http://www.sd-book.com.cn
印　　装　三河市华东印刷有限公司
经　　销　新华书店

规　　格　32开（145mm×210mm）
印　　张　9
字　　数　100千字
版　　次　2013年1月第1版
印　　次　2023年4月第3次
ISBN 978-7-209-06903-8
定　　价　48.00元
　　　　　如有印装质量问题，请与出版社总编室联系调换。

前　言

古罗马人爱将英雄的半身像或者雕塑陈列家中，以供孩子瞻仰，使之得以时刻与伟人为伍，学习他们的精神和美德。

同样，本书也将借助伟人的故事，向年轻的朋友们和每一位崇尚高贵品质的读者讲述实现崇高理想的必备品质，希望以此鼓励各位奋发向前，有所作为，在这个世界能够占领一席之地。书中将教大家如何在实践中积聚力量，收获成功的人生。

蒂莫西·蒂特科姆① 说："人们总想向年轻人说教、训

---

① 蒂莫西·蒂特科姆（Timothy Titcomb，1819-1881），真名乔赛亚·吉尔伯特·霍兰（Josiah Gilbert Holland），美国小说家、诗人。

诫、劝勉或者建议，却很少会与他们谈心。"

本书则力求以谈话的方式引导读者，用生动的故事激励各位认真、有意义地生活，并希望借此惊醒懒惰之人，激发其生命的斗志。本书不是单纯向读者介绍伟人的故事，而是通过分析他们的成败，解释了他们之所以伟大的原因，并透析其成功背后的个人轨迹以及伟人影响，从而向各位揭开获取成功的秘密。

本书希望能让读者明白，每一份成功都是通过不屈不挠的努力获得的。当下大多数人拥有的人生，和他们尽最大努力所能得到的人生相比，是多么的渺小和平庸。

年轻的朋友们，通过本书你将学习如何迎接人生，勇敢且高尚地生活。我们的世界崇尚勇者，只要你意志坚定，世界便会聆听你的声音。

读完本书，你将学会如何给自己铺设踏脚石，从而跨越障碍，并有自信做到别人所能做到的一切。本书将就职业的选择给予读者建议，鼓励所有觉得自己选错人生之路的人重新定位，并告诉他们如何挖掘自己的才能。本书还将帮助读者寻找能用一生来为之奋斗的人生目标。一个人如果从事了不适合自己的职业，那么他则注定要一辈子在自卑和失望中度过，永远没有机会发挥自己的才能。

即使你将近晚年，只要仍然有希望补救耽误了的人生，通过自学弥补缺失的教育，本书都将给予你鼓励和希望，帮助你成就更加广阔和高尚的人生。

和罗素①一样，本书也是鼓励各位年轻人自己出去闯荡的，同时也希望各位不要忘记还有比谋生更为重要的事情，那就是创造属于自己的人生。

20世纪的美利坚共和国，遍地都是机会。只要你有理想，有抱负，就应该从沉睡中觉醒，去追求更为高尚的人生。

---

① 伯兰特·亚瑟·威廉·罗素（Russell, Bertrand Arthur William, 1872-1970），英国哲学家、数学家、逻辑学家。

目 录
Contents

第一章

Moral Sunshine

快乐亦是美德

快乐的人生才是真正的人生。

——艾迪生[1]

令人愉悦的言语，就像一块蜂巢，给灵魂以甜蜜，给骨骼以健康。

——所罗门[2]

除非将快乐当成一种美德，否则，世上便没有人去享受快乐了。

——阿格尼丝·斯特里克兰[3]

我带着对摩西十诫的崇敬之心，看待每一个纯粹的笑话。

——H.W. 肖[4]

成功的真谛在于是否拥有充满阳光的内心。

——马修斯[5]

---

[1]　约瑟夫·艾迪生（Joseph Addison，1672-1719），英国散文作家、诗人、剧作家、政治家。

[2]　所罗门（Solomon），古以色列国王。

[3]　阿格尼丝·斯特里克兰（Agnes Strickland，1796-1874），英国历史作家、诗人。

[4]　亨利·惠勒·肖（Henry Wheeler Shaw，1818-1885），笔名乔西·比林斯（Josh Billings），美国幽默大师、作家。

[5]　威廉·马修斯（William Mathews，1818-1909），美国作家。

世上有两样东西最尊贵：一个是甜蜜，另一个就是光明。

——斯威夫特[1]

快乐的脸庞让每一道菜都变成了佳肴，让每一个人都感觉到暖意。

——马辛杰[2]

一颗快乐的心能源源不断地给他人带来快乐。

——C.巴克斯顿[3]

过度悲伤之人常常顾影自怜。

——塞尼卡[4]

---

[1] 乔纳森·斯威夫特（Jonathan Swift，1667-1745），英国启蒙运动民主派创始人，讽刺小说家、政论家，《格列佛游记》是其代表作。

[2] 菲利普斯·马辛杰（Phillips Massinger，1583-1640），英国剧作家。

[3] 查尔斯·巴克斯顿（Charles Buxton，1823-1871），英国作家。

[4] 卢修斯·塞尼卡（Lucius Seneca，4 B.C.-65 A.D.），古罗马哲学家、政治家。

　　一位农民的儿子问其父亲："爸爸，什么是乐观主义者？"

　　这位农民想也没想，便答道："噢，约翰。你知道我与大多数人一样，不可能比字典说得更明白，不过我倒是有自己的理解。你的亨利叔叔就是一个乐观主义者，我认为，他是这个世界上真正的乐观主义者。任何事情只要到了亨利手上，就会变得迎刃而解，尤其是那些不得不克服的困难。我的意思并不是说你的亨利叔叔很厉害，他只是总能以乐观的态度应对所有的事情。"

　　"那么，爸爸，你快给我讲一讲亨利叔叔的事情吧。"儿子兴奋地央求父亲道。

　　"好。我先说锄玉米的事吧。如果说有什么事情叫我害怕，那就是在烈日底下锄玉米了。记得很久以前在我锄玉米的时候，正想半途而废时，亨利便抬起头对我说：'做得好，吉姆！现在我们只要再多锄两排，也就是18株玉米，我们的工作也就完成一半啦！'他说得如此兴高采烈，我当即就被感染了，觉得只要锄完那两排玉米，剩下的工作便能轻松许多。

"不过，比起捡石头，锄玉米简直就像是外出野餐。当时，我们家所在的农场，必须要将石头清除干净，才能让作物顺利地生长出来。然而，我们家的老农场却总有捡不完的石头。因此，只要手头上没有什么要紧的事可以做，我们便会去捡石头。每次，只要我们锄地之后，就会冒出大量的石头，那种感觉，就像要重新将地锄上一遍。

"当时，我就感到烦躁不安，觉得我们做了许多无用功，也有了放弃的想法。可是，你的亨利叔叔却乐观地觉得，在农场里捡石头可以当成世界上最为有趣的工作。我们当时有一群小伙伴，只有亨利看问题的角度与所有人不一样。在困难面前，他总能保持积极、健康的心态，从而迎难而上，最后找到解决问题的捷径。有一次，当我们锄完了玉米，而牧草还没到收割期，便准备收拾好工具之后，前往河边钓鱼。就在这时，我们的父亲跑了过来，吩咐我们到西边的农田里捡石头。当时，我恨不得找个地洞钻进去，也差一点就哭了出来。然而，亨利却兴奋地开导我："吉姆，来吧，我知道那里有很多金块！'

"你猜怎么着？亨利带着我们到田里玩起了找金块的游戏。我发誓，那天就像到加利福尼亚淘金一样，大家都玩得特别开心。

"在我们完成了差不多一天的工作时，亨利说道：'与淘金不同的是，我们致富的途径不是要拥有这些金块，而是要把它们通通扔掉。'

"尽管如此，我们依然沉浸在游戏中，没有觉得是在进行工作。然而，玉米地里的大部分石头，转眼之间，就被我们清理干净。

"正如我开头对你说的，我很难拿着字典给'乐观主义'下一个准确的定义，但是有一点十分明确，即如果你的亨利叔叔不能算作乐观主义者，那么，我还真不知道什么样的人才能称作'乐观主义者'了。"

有位绅士问自己的黑奴："山宝，你多少岁了？""主人问我多少岁了？"黑奴回答说："如果以年岁计算，我25了，但是，如果以我所见识过的有趣事物计算，我差不多有100岁了。"

晚年的查尔斯·A·达纳① 先生即使在病危期间，依然享受着工作的乐趣，每天都坚持到办公室上班。一天，某位内阁官员问达纳："达纳先生，我无法想象你怎么受得了这样的折腾？"

"折腾！"达纳惊呼道，"你太不了解我啦！在我看来，只有工作才能让人快乐。"

对罗斯福② 总统而言，"bully③ "是他表达极端快乐所用到的最频繁的词语。每当罗斯福因公到国外出差或是去了一趟古巴、墨西哥，他都表现得非常开心。实际上，只要有阳光的地方，罗斯福都会感觉心情大好。

"你是在自己走向衰老，"罗斯福对一位老人说，"你阅读小说吗？你坚持打台球或经常散步吗？"

"没有……"老人伤心地答道。

"我有！"在被问到同样问题的时候，达纳则表现得如孩子一般，热情洋溢地说道，"我从早到晚都在给自己找乐子。"

---

① 查尔斯·A·达纳（Charles A. Dana, 1819-1897），美国记者、作家、政府官员。

② 罗斯福（Franklin D. Roosevelt, 1882-1945），美国第32任总统。

③ bully，英文单词，表示欺负、胁迫之意。

有位年轻人对满脸愤恨和忧伤的朋友说道：“凡事都要朝光明的一面看。”朋友悲哀地叹息道：“可是，世事都不存在光明的一面啊。”这位年轻人便厉声呵斥道：“那你就自己动手把阴暗面擦亮啊！”

约翰·卢伯克爵士① 说：“倘若世人都把快乐当作一种责任，快乐地履行，那么，世界将变得更加美好且充满阳光。做一个开心的人，不仅自己心情愉悦，还能给你周围的人带来快乐。”

一个改过自新的吝啬鬼又哭又笑地说道：“我现在感觉轻如羽毛，犹如天使般幸福、学童般快乐、醉酒般轻飘！啊，大家圣诞快乐！全世界的人们新年快乐！那边的人，你们好！呼！哈罗！”可见，醉鬼、嫌疑犯通过改变自己，也能从中收获不一样的人生。

戴维·库姆在一家旧式鞋房里工作，平时他连打盹都不忘自言自语埋怨道：“这鬼地方简直是全世界最阴暗的洞穴，从冬天到夏天，从来都不见一丁点阳光。”说完，一个天使模样的幻影出现了，她告诉补鞋匠说：“让我来帮助你吧，我知道如何抓住阳光。你只要拿出精力、坚持、勤奋、

---

① 约翰·卢伯克爵士（Sir John Lubbock, 1834-1913），英国银行家、生物学家、考古学家、政治家。

纯洁、信仰、希望和满足作诱饵，就不怕抓不住阳光。照我说的去做吧，戴维·库姆，如果你照着做了，你便不会再埋怨没有阳光照耀的屋子，也不会犹豫每天阴郁的生活了。"于是，戴维马上着手将鞋匠店窗户上沉淀多年的灰尘擦得一干二净，迎进一大家子的阳光。从此，库姆在鞋屋定居了下来，并从此心灵充满了阳光。

比利·布雷牧师[①] 是一位非常了不起且具有个性的人，他总是保持着忠诚的信仰。有些人对布雷牧师的过分快活看不顺眼，并扬言如果布雷牧师还是整天在聚会上大肆赞美上帝，他们就将其关到木桶里。然而，布雷牧师对此给出的回应是："那么，就让我通过木桶口来称颂上帝吧。"

谈起霍兰爵士充满阳光灿烂的笑脸时，罗杰斯回忆道："霍兰爵士吃早餐的时候，就好像刚刚得到了一笔飞来横财似的兴高采烈。"

奥利弗·温德尔·霍姆斯[②] 讲述道："很多年前，我在奥本山公墓走过时，突然看到一块很朴素的大理石墓碑，上

---

① 比利·布雷（Billy Bray，1794-1868），19世纪英国康沃尔郡的牧师。

② 奥利弗·温德尔·霍姆斯（Oliver Wendell Holmes，1809-1894），美国作家。

面仅仅刻了四个字。在我看来,'她很快乐'这四个字却意味深长,足以说明墓地主人的一生。她的人生一定如音乐般美丽,正如理查德·克莱肖① 的诗句:'充满快乐的灵魂,在通往天国的路上,处处盛夏如花。'"

有位长得并不算漂亮的女士,却拥有着阳光、自信和快乐。很多人第一眼看到这位女士,心里禁不住暗想:这脸蛋儿也长得太平凡了吧!但是,女士的朋友们却从来不会有这样的想法。这位女士在学校照顾的学生也从来不会这么想,他们打心眼里喜欢这位总是快乐的老师。女士的家人就更没有这样的念头了,因为她的存在,全家人都生活在快乐的幸福当中。

在全家福的照片上,这位女士是如此地显眼,会有人说她长相普通吗?非但如此,她在相片上使所有人都相形见绌。原因何在呢?仅仅因为她拥有快乐的人生和幸福的家庭。

小女孩对唤醒自己的太阳公公和小鸟们道了一声"早上好",并征得母亲的同意,轻柔地、充满崇敬和快乐地向上帝道了声"早安"。我们为什么不能这样做呢?这样做的结果,会对我们产生不利的影响吗?答案自然是否定的,而且,当你这样做了,你的每一天都是新鲜的,每一天都沐浴

① 理查德·克莱肖(Richard Crashaw, 1613-1649),英国诗人。

在幸福的阳光下。

阳光无处不在。勇敢者在阴霾的天气里同样能够快乐、满足地前进，不让自己的心情有一刻的沉重。他们热爱自己的职业，即使穿着破烂也一样显得体面。他们不仅仅自己快乐，同时也将快乐传递给了他人。

让我们和卡莱尔[①] 一起祈求："上帝啊，请赐予我们快乐吧！我们在工作时会快乐地歌唱！那样的人一定会比别人做得更多、更好，并坚持更久。因为在音乐的王国，没有人会感到疲劳。据说，明星们在舞台上翩翩起舞的时候，是为了让这个世界充满和谐。快乐的力量如此惊人，甚至难以估量。如果你想要获得成功，就必须在快乐中奋斗。只有洒满阳光的灵魂，才会因光明而熠熠生辉。"

"我运用快乐的力量，长期同疾病和所有邪恶的力量作斗争，"斯特恩说道，"因为曾经有人劝我说，人只有微笑或大笑，才能将人生的碎片拼凑起来。"

柯伦总喜欢用笑话进行自我解嘲。在他病重的时候，某天早上，医生发现他咳嗽得更加费力了，结果他回答道："真是奇怪了，我昨晚明明已经练习了一个晚上，怎么还咳不好？"

---

① 卡莱尔（Thomas Carlyle, 1795-1881），苏格兰散文家、历史学家。

我们知道，快乐的人总能长寿。比起悲伤，我们更容易记住快乐，并时时怀着温柔之心回忆这些快乐的时光。

"我发誓，只要太阳还在，我还活着，凡事就一定要看到光明的一面。"胡德说道。

在牙买加的一次遣使会上，人们以救济为目的举办了募捐活动。其中，一位教友负责主持募捐，并宣布了以下教义："一、我们发誓，我们都将给予；二、我们发誓，上帝赐予我们的，我们都将奉献给需要的人；三、我们发誓，我们将怀着快乐的心情去帮助他人。"随后，募捐开始，每一位教友都按照传统走到主持人面前，现场捐献爱心。

在募捐现场，有一位富裕的教友迟迟不肯上前，直到大家的眼光都注视到其身上，他才缓缓地走到了主持人面前。主持人看着富翁将要捐献的款数，提醒道："你只遵守了第一条教义，没有遵守第二条。"于是，这位富翁拿回自己的钱，生气地回到了座位上。随后，不知是出于良心还是自尊心，富翁掏出了两倍于刚才的款数，甩到主持面前，怒气冲冲地说："够了吧！"主持人回答道："你现在遵守了第一、二条教义，但是没有遵守第三条。"富翁稍微迟疑了一下，接受了主持人的斥责，回到了座位上，重新掏出更多的钱，微笑地捐了出去。主持人十分感激地说道："如此，三条教义你都实行了。"

"我去探病的时候，发现病房里放有一盆玫瑰花。"

J. R. 米勒牧师① 说："这盆玫瑰花就放在窗口那里。有一天，我注意到那朵玫瑰总是向着阳光，就把这一发现告诉了病房里的人。那里的女病人告诉我说，她的女儿已经好几次试图把这朵玫瑰花转向房里，但每次它都自己扭了回去，直到面朝阳光。这朵玫瑰花似乎不愿意把头转向阴暗的房里，这件事情让我明白，永远都不要允许自己朝事物的阴暗面看齐。我们应该训练自己远离阴影和沮丧，只要我们愿意寻找，总能发现事物光明的一面。消极的心态很危险，足以损害和缩短我们的生命。"

每当人们问索尔兹伯里关于平原上的天气如何时，这位牧师总会告诉人们："就像我所希望的那样。"如果人们再补问一句："那怎么可能？"这位牧师的答案则是："明天的天气将如上帝所愿，而上帝所愿即我所愿。"

快乐与否，并不取决于天气，只要我们心里有阳光，无论有多寒冷，都能感觉到温暖。

富兰克林说："我发现离我办公室不远有一所房子，那里有一个快乐、爱开玩笑的机械工人。这位机械工人遇到谁

---

① J. R. 米勒（James Russell Miller, 1840—1912），美国宗教作家、牧师。

都报以微笑和赞美。无论天气有多么寒冷、阴霾或压抑，你照样能在他的脸上看到朵朵绽放出发自内心的笑容。一天早晨，我遇见了这位机械工人，便叫他告诉我保持快乐心情的秘诀。他回答说，'没有什么秘诀呀，博士先生，我天天都那么开心，因为我有一个好老婆。在我每天出门工作时，她总要说些动听的话来鼓励我，而在我回到家中时，她又以微笑和亲吻迎接我，并且一定准备好了茶点。她每天都那么细心地爱护我，使我心情愉快，对任何人都无法口出恶言。'"

一个机灵的约克郡人说道："我在抱怨街看到了我们的兄弟，他刚刚在那里坐了下来。我也曾经在那里生活过一段时间，身体状况一直不好，那里的空气污浊，房子破烂，水质也糟糕。小鸟从来都不去那条街上唱歌，我也因此变得忧郁和悲伤。不过后来，我搬去了感恩街，在那里，我和家人都恢复了健康。那里空气新鲜，房屋整洁，阳光灿烂，小鸟们也整天啾啾喳喳地欢快歌唱。我为自己的生命感到无比快乐，所以，我推荐我兄弟也搬过来。感恩街上不愁没有房子住，只要兄弟能来，我就可以保证他在这里得到新生。如果他能来和我做邻居，那简直是另一件令人幸福的事儿。"

"俄亥俄州有一个小伙子，"林肯总统说道，"他以皮愁里恩·V·纳斯比^① 为笔名，给报社投了很多稿。有人把他的作品合成一本小册子，通过邮寄的方式转到了我的手上，我不得不说我有写信给他的冲动，想告诉他如果他愿意把自己的幽默细胞分点给我的话，我愿意用总统的位置与之交换。"

在林肯书桌的一角，堆放着最新出版的诙谐作品。这是林肯长期养成的习惯，在疲惫、烦恼或沮丧时，挑一两个章节进行阅读，便可获得巨大的安慰。

快乐的人，总是受欢迎的人，因为他们能从一幅画中看出美好的一面，从失败中获取胜利。他们总能保持快乐，并感染他人。

1884 年 12 月、1885 年 1 月和 1890 年 12 月的伦敦，暗无天日，看不见一丝阳光。持续两个月，伦敦都得不到阳光的照射，然而，又有多少人在长年累月中，见不到一丝阳光！都看不见阳光！充斥着不满、焦虑、担忧、烦躁、不安、郁郁寡欢和怒气冲冲的浓雾，挡住了很多人的阳光和快乐。

一颗充满快乐的心灵，蕴藏着巨大能量，足以感染世

①　皮愁里恩·纳斯比（Petroleum V Nasby, 1833–1888），美国记者，真名 David Ross Locke。

人。当我们敞开灵魂之窗，迎入阳光，向每个人传递我们的快乐时，其实，我们是在为世人造福。耶稣的"真福八端"应当再加一句："快乐的人是有福的，因为他们传播了快乐。"

"快乐对于人的作用无异于良药。"如果我们拥悲伤入怀，毫无例外，必定要遭受消极情绪的侵袭。阴郁的念头一旦出现，便将渐渐消磨我们的意志，渗入我们的灵魂，直至将我们淹没。

有一个贩售针线纽扣等缝纫用品的盲人，十年如一日地在波士顿各街道逐家逐户兜售商品。萨维奇博士十分同情这位盲人小贩，一天，博士找了机会同这个穷小贩谈境况。令博士感到吃惊的是，这个小贩居然过得非常快乐。小贩觉得，拥有一个忠诚的妻子和一份足以维持生活的工作，便已经心满意足了，如果对此还有所埋怨的话，不免显得心胸过于褊狭。

杰伊·库克① 在51岁时，身家百万，然而到了52岁时，他便身无分文，重新白手起家。库克不但还清了所欠的最后三千块债款，还实现了其成为金融家的梦想。有人曾问库克究竟如何再次获得了成功，库克答道："很简单，我只是保

---

① 杰伊·库克（Jay Cooke，1821-1905），美国金融家。

持了父母遗传给我的快乐天性。我天性充满希望，从来都不会生活在乌云之下。我始终抱有一种合理的人生观，因为明白永远没有办法使时光倒流，所以与其埋怨不休，不如从头再来。我相信，美国是一个满地黄金的国家，只要付出了努力，便能淘到金子。这便是我获得成功的秘密——永远只看到充满阳光的一面。"

假如你讨厌现在的职位，不要向任何人抱怨，尤其是你的老板。你只能尽最大的努力，把工作做到最好，并且让人觉得自己游刃有余，完全有能力负责更重要的工作。那么，你还等什么呢，就用这种方式尽情地表现自己吧，唯有如此，你才能得到更好的发展。

从小，我们应当养成今日事今日毕的习惯。无论你在哪里工作，都不要把工作上的事情带到家里，搅乱家庭的宁静。这样做的人，很快便会发现生活已经失去了阳光。

像菲利普·阿穆尔① 那样过日子的人，都是幸福的人。阿穆尔对别人的关心，犹如鸭子把背上的水抖落下来一样毫不吝啬，在关门下班时，阿穆尔总是顺带把所有业务都一起锁进了店里。何时何地都不忘工作的人，只会让朋友感到失

---

① 菲利普·阿穆尔（Philip Amour，1832-1901），美国肉类加工业巨头。

望和反感。一个人如果长期思考工作上的问题，皱纹便会爬到脸上。把工作上的烦恼带回家，只会让你变得更加小气、刻薄甚至乖戾，对你的工作却没有一点帮助。相反，你将因此失去健康、朋友甚至客户，从而影响到工作。

拉斯金[1] 说："上帝赋予我们足够的力量和知识，去完成一切他所希望的事。"

沃尔特·斯科特[2] 是《给我一个真诚的微笑》的作者，他是世界上最快乐的人之一。他毫不吝啬地微笑，对每一个人都赞美有加，因此，所有人都很喜欢他。

"比彻兄弟，你肯定还记得，"亨利·沃德·比彻[3] 的昔日大学同窗说道，"你曾经让卡斯韦尔那正直的灵魂苦恼不已。那个不苟言笑的家伙，被你的欢快搅得够呛。"

"当然记得，"比彻答道，"他已经死了，而我还活着。这便是我们所说的区别。"

真正的基督教精神，是教人快乐的一种信仰。耶稣从来都没有教导世人要拉长脸、郁郁寡欢地过日子，而是传播了

---

① 拉斯金（John Ruskin, 1819-1900），英国艺术评论家。

② 沃尔特·斯科特（Walter Scott, 1771-1832），苏格兰小说家、诗人。

③ 亨利·沃德·比彻（Henry Ward Beecher, 1813-1887），美国公理会神职人员、改革家、废奴主义者。

怎样获得快乐的福音书。耶稣的教义沐浴在阳光下，启蒙于田里的花朵，就像天空飞翔的鸟儿、田里奔跑的小动物、嬉笑玩乐的孩子。真正虔诚的信徒，无论是白天还是黑夜，都充满了阳光和欢笑。

"我发现调侃并说些笑话，可以为生活增添乐趣。"塔利朗[①] 说道。

"没有了乐趣，生活还有什么意义呢？"歌德[②] 说道，"如果没有获得新生的早晨和充满期盼的夜晚，人们穿上衣服又脱掉是为了什么？今天沐浴在阳光中的我，怎么还会去思考昨天？或者挣扎着想要预见未来、控制明天？"

上帝赋予我们笑的能力，是出于某种明智的考虑。我们运用这项与生俱来的本领，不但锻炼了身体内部的五脏六腑，同时还感觉心情愉快。笑始于肺和横膈膜，并导致肝、胃以及其他器官的快速活动。心脏跳得更快了，血液被输往全身，加快了呼吸，让整个身体系统都暖和了起来。因为全身都活跃了起来，协调地进行着工作，我们的眼睛也变得更加明亮，心胸变得更加开阔，身体也更加健康。一个笑容满

第一章

Moral Sunshine

快乐亦是美德

---

① 塔利朗（Charles Maurice de Talleyrand, 1754-1838），法国外交官。

② 歌德（Johann Wolfgang Von Goethe, 1749-1832），德国作家、诗人、哲学家。

面的医生，比那些所谓的灵丹妙药都要管用。

法国剧作家尚福尔①说："在所有的日子里，没有笑容的那一天，是最没有意义的一天。"休谟②在英格兰国王爱德华二世的旧手稿里，发现了一句这样的话："铸造皇冠就是为了让国王露出笑脸。"林肯总统是一位让幽默贯穿其一生的人，他曾说道："如果我的生命里没有了幽默，如果我不能时不时地开怀大笑，那么，我宁愿死去。"

爱默生的笑容，对所有认识他的人而言，是一份永恒的祝福。

尽量多笑吧，没有比这更便宜的药了。

如果你濒临绝望，那么，请坐下来吧，拿起手中的笔，将你的悲伤和不幸都列出来，然后再真实地写下自己感到快乐的事情，你的才能，你的财产，你的朋友和亲人，你的知识、爱好、参加过的活动，你未来的所有可能、期盼，还有不要忘记写下你要承担的责任以及圆满履行责任后将获得的满足感。写完后，我们便可以开始对比了。

---

① 尚福尔（Nicolas Chamfort，1741-1794），法国剧作家、杂文家，以风趣著称。

② 休谟（David Hume，1711-1776），苏格兰哲学家、经济学家、历史学家。

"有了勇气和友谊，魔鬼便不复存在。"丹尼斯总是用法语和英语写下这句话，并赠送给每一个人。"他们不理解这句话，"丹尼斯说："但它总有一天会让所有人都觉醒。我将这条福音带到了各个城市，希望以此来振奋人心。"有一次，丹尼斯遇见了一名因摔破罐子而哭泣的女孩，丹尼斯对女孩说："有了勇气和友谊，魔鬼便不复存在。"结果，女孩停止了哭泣，高兴地跑回家告诉了自己的奶奶。

旧金山的"阿尔戈"讲述道，在米尔皮塔斯市住着一名妇女，她充满悲伤、沮丧、消化不良、失眠、受遗传病困扰……就是这样一个病秧子，给自己立下了一条规定：每天必须大笑至少三次，以此来告别充满忧郁、负担的生活。女人开始训练自己，有些许的触动便开怀大笑，甚至回到房间后，还继续自个儿偷着乐。如今，这名妇女身体健康，精神也很愉悦。她的家也成为了一处充满阳光和欢笑的住所，丈夫和孩子被她的快乐所感染，也一样生活得既健康又快乐。

在纽约西部，住有一位"爱笑的医生"伯迪克。伯迪克医生总是笑容满面，洋溢着幸福快乐。人们说伯迪克的好心情是可以传染的，病人只要看见他，听到他那充满希望的建议，病情便好了一大半。尽管"爱笑的医生"很少给病人开药，但他却是一位成功的医生。

附近城市里的医院里，躺着一名等死的男病人，他的家人都聚集到了病床前。突然有人打电话来说要来探望他，并满脸微笑地向他保证他的病很快就会好起来。来者如此信心十足，病患也不禁相信了，并且笑了。于是，这位患者重新振作了起来，并很快恢复了健康。

爱默生说："不要在家里挂阴郁的图画，也不要谈论悲伤或沉重的话题。"比彻也说："要结交性情欢快、敢怒敢笑的朋友，那样你才能跟他们一样，像天堂小鸟般拥有快乐。那些不会笑也不懂得如何快乐的人，应该检讨自己，祈求上帝赐予他们阳光。""有人认为抱怨是对痛苦的一种宣泄，"塔尔梅奇说道，"然而，那无异于给灵魂送葬。如果你给灵魂的断骨包扎并要求夹板固定，也千万不要用铁铸的夹板。"

克伦威尔① 说，希望在自己心中，犹如燃烧的柱子，即使别人都已不抱任何希望，它还照常发光发亮。

"只有与别人分享快乐，自己才会快乐；快乐生来便是一对双胞胎。"

小男孩对妈妈说："尽管我无法使妹妹高兴，我自己也

① 克伦威尔（Oliver Cromwell, 1599-1658），英国政治家、军事家、宗教领袖。

要高高兴兴的。总有一天，我的快乐会感染到妹妹，使她也一起高兴起来的。""我让吉姆高兴，他笑了，"另一个男孩谈起自己的残疾兄弟时，说道，"他笑了，我也高兴，我也笑了。"

"快乐就像马赛克，由许许多多小石子组成。"

莫担忧、莫苦恼，我们只要向上看，努力生活并积极工作，最终总能看见光明。深埋地底的种子从不怀疑自己在将来的某一天会长成大树，舒展叶芽，枝繁叶茂，开花结果。它从来不担心自己是否能够冲破顶上厚厚的泥土，也不抱怨阻碍自己向上生长的石头、草皮。它只温柔地推开一切障碍，在石头和泥块边伸出脑袋，依靠生长的毅力，冲破重重障碍，沐浴在阳光下，开花结果。在阳光、雨露、光合作用下，驱使幼芽破土而出，得以舒展枝叶，绽放花香。同样，帮助我们摆脱平庸，成就卓越，摆脱无知，创建文明的动力，也同样是这些外在的因素。

假如我知道微笑被装进哪个箱子，

无论锁头多大，

插销多结实，我也会竭尽所能，

将它撬开。

我知道，

只有这样，

我才能，

穿越广袤的土地和海洋，

向世界撒播微笑；

让孩子们的小脸绽放笑容，

经久不褪。

假如我知道哪里有足够大的箱子，

装得下我遇见到的所有愁眉苦脸，

我一定将之通通收入进去，

无论在托儿所、学校还是街道上，

一个不落，尽数捆好装进箱子；

然后，我要配上一把硕大无比的巨锁，

再请巨怪帮忙，

将箱子沉入，

海底的最深处。

她只是路过，

愉悦地道一声"早上好"，

我的一天便，

沉浸在对早晨的赞美中。

一闪而过的善念、一次微笑、一句鼓励的话
语，

比什么礼物都管用，

为多少灵魂卸下了重担。

第二章

Blessed Be Drudgery

天道酬勤

如果你想成为知识渊博的人，那就下苦工吧！如果你想不挨饿，那就挣钱吧！如果你想得到快乐，那就争取吧！别妄想天上会掉下馅饼。

——拉斯金①

我们只有付出了，才能有所收获。大自然那花岗岩般的大手，紧紧地抓住世上一切好事，你不付出汗水，就休想从她手上得到什么。人类通过劳动创造伟大，创造文明。

——斯迈尔斯②

下凡修炼千年，方得以成仙。耕耘美好吧，尽管过程漫长；培育花朵吧，尽管耗时损力；劳动啊！你高贵而神圣，你是送给上帝的最好祷辞！

——奥斯古德③

---

① 拉斯金（John Ruskin，1819-1900），英国艺术评论家。

② 斯迈尔斯（Samuel Smiles，1812-1904），英国 19 世纪伟大的道德学家、成功学的开山鼻祖。

③ 奥斯古德（Frances Sargent Osgood，1811-1850），美国女诗人。

格雷先生 15 岁的儿子查尔斯恳求父亲让自己退学。格雷先生诧异地问道："你为什么不想上学了？"

　　"呃，父亲，"查尔斯回答道，"我对上学已经感到厌倦，而且读书并没有多大的用处。"

　　"你觉得自己的知识已经足够了？"格雷先生反问。

　　"我现在所学的知识与乔治·莱曼一样多，而他在三个月前就已经离开了学校。乔治告诉我，他不需要上学，因为他父亲的钱足够养他一辈子。"

　　"那好，你可以不用去上学。"格雷先生答道。查尔斯谢过了父亲，正准备离开时，格雷先生叫住了查尔斯，"你等一下。你不需要跟我道谢。既然你不想上学，我也不勉强你，但你必须明白，如果你不去上学就得去工作，因为我无法养你一辈子。"

第二天一早，格雷先生就带上查尔斯去探访监狱，要求见一面他昔日的同窗。"约翰先生，很高兴见到你。"一名囚徒走来，格雷先生打招呼道。"噢……我真是没脸见你……"约翰答道。

"你肯定无法想象我有多后悔，"约翰看到查尔斯后，补充道，"我猜，这是你的儿子？"

"是的，大儿子查尔斯。他现在正处于我们当年一起上学的那个年龄。约翰，你没有忘记那段时光吧？"

"我倒是希望自己忘记啊，威廉！"约翰激动地说。过了一会，约翰接着说道："有时候，我真希望早上睡醒时，发现这一切都只是梦啊……"

"究竟发生什么事了？"格雷先生问道，"我们最后见面时，你的境况要比我好啊，前途一片光明呀。"

"只需三言两语便可以把我的故事讲完。"约翰说，"我的堕落，是由懒惰和交友不慎造成的。当年，我厌倦了读书，认为父母有钱，自己也就没有必要奋斗了。我父亲死后，留给我一大笔钱，但没有一分钱是由我挣来的，而我也不知道该怎样使用这笔钱。钱是怎么花出去的，我自己也稀里糊涂，反正在某一天早上，我醒来时，便发现自己甚至比家里最低级的仆役还穷。当时，我不知道要通过自己的劳动挣钱，只知道必须弄到钱，于是便铤而走险，试图不劳而获……"

约翰被叫回监狱劳动，格雷先生便问监狱长："这里的囚犯有多少学过贸易的相关知识？"

"十个里一个都没有。"监狱长答道。

"查尔斯，你像是吃了一惊啊。我告诉过你，不读书就必须像其他男孩一样去找份工作养活自己，"格雷先生在带儿子回家的路上说，"这次的探监，便是我对此做出的解释。世人都称我为富翁，而我的确也是。我有能力给予你成长所需要的一切机会，但我绝对不会，也不能让你因我的财富而成为寄生虫。已经有无数的父母品尝到了任由孩子虚度时光的恶果，我不想重复他们悲惨的故事。"

查尔斯很认真地想了想，最后说道："父亲，我想星期一回学校上学。"

约翰·亚当斯[1] 在小时候，也曾对学业感到厌倦，并请求父亲取消自己的拉丁语法课。

"好啊，约翰。"父亲说，"但是，你必须以为这个沼泽挖渠排水作为代价。"

虽然小约翰讨厌学习拉丁语法，但也不想去挖水渠。碍于父亲的威严，他还是拿起铲子在沼泽地里干了一天的活。约翰在沼泽地挖渠时，认真反思了自己的行为，当天晚上便

---

[1]　约翰·亚当斯（John Adams，1753-1826），美国第二任总统。

又回去请求父亲让自己继续学习拉丁语。父亲同意了，从此，约翰更加努力学习，长大后成为了美国独立战争中的重要人物，即继华盛顿后的第二任美国总统。

"为什么我要向奴隶一样累死累活地读书？我活着是为了自己呀！"很多年轻人都曾如此抱怨过。上帝啊，请你帮助这些不需要为家人努力工作的可怜儿吧！他们甚至不知道宝剑锋从磨砺出的道理！

曾经有一个富翁，自己没有多少文化，便希望子孙可以受到最好的教育，于是拼命地挣钱，牺牲掉所有休闲娱乐的时间，好让后代过上好日子。富翁坦白地忏悔道："我不遗余力地花重金让儿子接受最好的教育，过最好的生活。世上再也没有人能比他们更加前程似锦，但是，看我都种下什么恶果！大儿子拿到了医师执照，却从来不出诊；二儿子现已成为律师，但不愿意接手案件；小儿子有商人的学识和头脑，却连账房都懒得走动……我督促他们要勤劳，要节俭，做人要积极向上，结果却徒劳。猜猜他们是怎么回答我的吧。他们说：'父亲，我们何必要那么辛苦呢？我们根本就不需要赚钱，你的钱我们花一辈子都花不完呀。'"

《青年之友》① 杂志报道说，塞勒斯·W·菲尔德② 是横跨大西洋海底，并成功铺设电缆的成功人士。在 16 岁时，他就离开了马塞诸塞州斯托布里奇的家，只身前往纽约淘金。菲尔德离家时，身上仅带着父亲给的 8 美元，那还是家里平时省吃俭用攒下来的。快到达纽约时，他拜访了兄弟戴维·达德利·菲尔德③，后者在不久后即成为纽约法律界的领航人。结果菲尔德碰了一鼻子的灰，他的哥哥很明显不高兴弟弟离家出来闯荡，还引用马克·霍普金斯博士④ 的话泼冷水道："我不会拿钱养活离家出走还不想家的小子。"

塞勒斯去了当地最有名的服装店：A. T. 斯图尔特⑤ 服装店听差，头年月薪才 50 美元。他早上六七点就得起床干活，后来升职为店员，每天则从 8 点 15 分一直工作到晚上。

"我给自己规定，"菲尔德先生在他的自传里写道，"必

---

① 《青年之友》（*The Youth Companion*），美国儿童杂志，创办于 1827 年，1929 年被《美国男孩》合并。

② 塞勒斯·W·菲尔德（Cyrus West Field, 1819–1892），美国商人。

③ 戴维·达德利·菲尔德（David Dudley Field, 1805–1894），美国法律改革家。

④ 马克·霍普金斯（Mark Hopkins, 1802–1887），美国教育家。

⑤ A.T. 斯图尔特（Alexander Turney Stewart, 1803–1876），美国成功的企业家。

须赶在大家之前来到店里，并等所有人离开了才走。我的目标是要成为一名成功的商人。于是，我想尽办法学习每个部门的知识，因为我知道我能依靠的只有我自己。"

菲尔德每晚都去商人图书馆看书，还加入了一个辩论社团，每周六晚上聚会一次。

斯图尔特先生给员工制定了严格的工作守则。所有员工都必须准时上班，在 1 个小时内吃完午饭，45 分钟内吃完晚饭。如果上班迟到了，或者饭后没有按时回来工作，每次罚款 25 美分。塞勒斯行事果断，工作认真，细心而忠诚，自然很快获得了老板的信任，也因此很快得到了晋升。

斯图尔特自己也曾是勤快认真的小伙儿，不分昼夜地全身心投入工作。他的管理模式十分全面，整个企业几乎不需要老板的监管便可很好地运作。但他是一个精益求精的人，注重细节，临死前还在苦苦思索各个部门有无改进的空间。

可惜，斯图尔特的继承人没有将公司继续发扬光大。他们是斯图尔特经营理念的受益人，同时还拥有斯图尔特留下的大笔财富，却没有因此而成功，反而以失败告终。

斯图尔特永远优先考虑自己的店铺，只有在空暇的时间才会考虑其他的事情。然而，斯图尔特的继任者则反其道而行之。发达以后，斯图尔特依然认为，成功的商人不单要在商品的价格上做到公平统一，对待每一名顾客的态度也应该是一样的。然而，斯图尔特的继任者被家族的财富和地位迷失了双眼，自以为高人一等，看不起贫穷的顾客，因此失去了很多客源，甚至曾经的熟客都颇有怨言。斯图尔特服装店凭借雄厚的财力和过去打拼得来的信誉，勉强经营了几年，最终还是宣告破产，被约翰·沃纳梅克[①] 收购。沃纳梅克本是一个普通的店员，每天步行 4 英里到费城的一家书店打工，一个星期只有 1 块 25 分的工钱。然而，他通过自身的努力获得了成功，薪水比原来老板的家产还要高出十倍。只要勤快、细心，即使出身平凡，也可以像斯图尔特和沃纳梅克一样，创造出不平凡的事业。只有这样的人，才能在创业成功后守住家业，并将之发扬光大。

只有忠实诚恳地工作，才能享受到劳动的光荣与快乐。

一位法国作家回忆道："我可以告诉你们，我见过米开朗琪罗[②]，当时，他大约60岁，身体虽不再健壮，但雕刻起大理石来还是尘埃滚滚，速度飞快，一刻钟内干的活比三个年轻小伙子一小时干得还多。如果不是亲眼所见，简直叫人

① 　约翰·沃纳梅克（John Wanamaker，1838-1922），美国百货商店之父。

② 　米开朗琪罗（Michelangelo Buonarroti，1475-1564），意大利文艺复兴时期伟大的绘画家、雕塑家、建筑师和诗人。

难以置信。他工作起来如此狂暴，让人担心他是不是要把整块大理石都撕得粉碎，三四个手指头叠起来的厚度一下子就被他磨平了。只要刻多了一点，即使只是一根头发厚度的差别，他也要把整个作品销毁，认为已经是失败之作，而材料又不是石膏或泥巴，还可以重新塑造。"

米开朗琪罗对拉斐尔① 的评价是："作为一名伟大的艺术家，他的成就应更多地归功于勤奋而非天赋。"当被问及如何创作出这么多令人叹为观止的伟大画作时，拉斐尔回答说："我从小画画都遵循一个原则，那就是：不放过任何细节。"拉斐尔死后，全罗马都为之哀悼，教皇利奥十世② 甚至流下了眼泪，而这位伟大的艺术家，虽然仅仅享年37岁，却给世人留下了287幅画作、500多幅素描画。其中一些画，给其本人带来了巨额的财富。懒惰的年轻人啊，拉斐尔在其短暂的一生就有此成就，那你们呢？

利奥纳多·达·芬奇③ 是一个开朗、好学、充满热情的人。他常常在天刚拂晓时便开始工作，一干就到了晚上，期

---

① 拉斐尔（Raphael，1483-1520），意大利杰出画家。

② 教皇利奥十世（Pope Leo X,1475-1521），文艺复兴时期最后一位教皇。

③ 利奥纳多·达·芬奇（Leonardo Da Vinci，1452-1519），意大利文艺复兴三杰之一。

间没有从工作架上下来过，甚至不吃不喝，专心工作。

鲁宾斯[1]成功后，名利双收。某炼金术士自以为发现了点金的秘密，力劝鲁宾斯协助他。鲁宾斯回应道："你来得太迟啦，我二十年前就已经发现了点金的秘密。"鲁宾斯指着自己的调色板和画笔补充道："我的笔触所到之处皆成金子。"

米莱斯[2]作画时专心致志，心无旁骛。"我甚至比耕夫还要辛勤，"米莱斯有时感叹地说，"所以勤快点吧，小伙子们！不是人人都天赋过人，但人人都可以选择勤奋学习。不付出汗水的天才也只能是庸才，更别说痴心妄想地要成为一名艺术家了。真正想成为艺术家的人，不需要别人的指引。很多家长带孩子到我面前，问我有什么捷径可以将他们培养成画家。我的答案永远是'没有'。无论他们的孩子想要成为什么，唯一的途径就是勤奋、一丝不苟，如果能够做到不因为某些方面枯燥无聊便草率应付，而是面面俱到，尽善尽美。"

马丁·路德[3]在翻译《圣经》时，把"Bulla dies sine

---

① 鲁宾斯（Peter Paul Rubens，1577-1640），比利时画家。

② 米莱斯（John Everett Millais，1829-1896），英国拉斐尔前派画家。

③ 马丁·路德（Martin Luther，1483-1546），16世纪欧洲宗教改革倡导者，新教路德宗创始人。

linea^①"作为其工作时的座右铭。特纳则把这句名言归为己有，变成"生命不止，工作不息"。

特纳经常引用老师乔舒亚·雷诺兹^②的话："决心成为卓越的人，必须不分昼夜地辛勤工作，虽然人们往往发现工作单调辛苦，甚少乐趣，但是必须用工作统筹生活。"尽管辛苦劳累，特纳仍然热爱工作，并因此得到了丰厚的回报。

用智慧造福世界，以赤胆忠心回报祖国，拿爱心对待邻居的人，皆为珍惜一分一秒、辛勤度日的人。

彼得大帝是一个伟大帝国的继承者，他却仍然需要经历重重考验，才得以戴上皇冠，登上宝座。彼得大帝与其他国王不一样，他脱下了黄袍，穿上了劳动者的服装。眼见文明之光尚未照耀到沙俄帝国，他却以身作则，自己最先接受了教育。在他 26 岁的时候，大多数王子都在玩乐和享受生活时，他便开始了一段旅程，不是为了玩乐，而是为了学习。在荷兰，他自愿当起了造船学徒；在英国，他先后在造纸厂、锯木厂、制绳厂、钟表制造厂以及很多其他制造型工厂学习技术知识。他不但从事着工人们所干的活，甚至领着同

---

① 拉丁语，"No day without a line"，意为笔耕不辍。

② 乔舒亚·雷诺兹（Sir Joshua Reynolds，1723-1793），英国历史肖像画家、艺术评论家。

样的薪水。

　　在伊斯蒂亚时，彼得大帝花了一个月的时间在马勒打铁铺学习打铁，在最后一天，他成功打出了 18 普特[①] 的生铁，并在上面烙上了自己的名字。跟随彼得大帝的贵族随从们，因为从来没有拉过煤，也没有拉过风箱，所以不知道打铁的辛苦，还以为是一件十分容易的事情。彼得大帝问马勒，打 1 普特的铁可以获得多少报酬。马勒回答道："三个戈比或者一个 altona。"即便这么说，马勒却付给了彼得 18 个金币。"拿回你的金币吧，我并不比其他铁匠打得好，你就付给我应得的部分。"彼得说道，"我现在急需鞋子，而我打的铁刚好够买一双鞋子。"彼得大帝脚上穿的鞋尽管已经修补过一次，但还是破了许多洞。彼得大帝穿上新鞋后，自豪地说："这是我用自己的汗水换来的。"至今，彼得大帝打的铁仍然保存完好，一块存放在伊斯蒂亚的马勒铁铺，上面有彼得自己烙下的标记，另一块则收藏在圣彼得堡的小博物馆里，以纪念这位亲自体验劳动的皇帝，并激励俄罗斯的每一个人，无论是农民还是皇家贵族，都要为祖国的繁荣兴盛付出自己的一份劳动。

　　你是否不幸地以为自己是个天才，觉得"机会自然而然

----

① 普特，pood，俄国重量单位，1 普特 =40 俄磅 ≈ 16.38 千克。

就会送上门来"？那么，请别再自欺欺人了，要知道成功的代价便是你付出的汗水，从现在开始，你如果选择努力，或许还来得及。

不付诸行动的天才，就好比放在秤上的1蒲式耳橡果，永远无法成材。

"我阅读过各个科目的书籍，"比彻说，"我也阅读了几乎每一部文学作品，同样领略过各艺术流派的精华，在我所接触的这些人当中，我发现，所有的艺术家都经过了长时间细致而耐心的精雕细琢，才得以芳名永垂。懒惰的天才和勤奋的蠢材一样，永远难成大器。"

劳动是人类所有杰作之母，无论是诗歌还是建筑。

戈德史密斯① 认为，一天能写出四行诗句算是很不错了。因此，戈德史密斯花了7年的时间，才完成诗集《荒村》。完成诗集后，他说："即使像天才一样拥有深邃的思想和生动的辞藻，然而，业余作家无论怎么努力都只是业余水平，因为他们不能全身心地投入到这一行业当中。"

朗费罗② 对外界宣称，他的诗作底下隐藏着坚厚的石

① 戈德史密斯（Oliver Goldsmith，1728-1774），爱尔兰作家、诗人。

② 朗费罗（Henry Wadsworth Longfellow，1807-1882），美国浪漫主义诗人。

墩，别人虽然看不见，但如果没有它们，他的诗便无法诞生。

研究伟大作品的初稿，是一件非常有趣的事情。从《独立宣言》到朗费罗的《人生颂》，在脱稿前，无不经过了反复的修改。据说，布莱恩特[①] 在写《死亡观》时，修改了一百遍还不满意。

狄摩西尼[②] 丝毫不掩盖自己在构思《反腓力辞》时的苦思冥想；柏拉图[③] 在写《理想国》第一句话时，总共换了九种表达方式才最终满意；亚历山大·波普[④] 可以花上整整几天思索一对诗句；夏洛蒂·勃朗特[⑤] 用了一个小时斟酌一个用词；格雷的一篇短文要写上一个月；吉本[⑥] 在写《罗马兴衰史》第一章时，修改了三遍才满意，并花了四分之一个世纪才完成了整部著作。

---

① 布莱恩特（William Bullen Bryant, 1794–1878），美国自然主义诗人。

② 狄摩西尼（Demosthenes，B.C. 384–B.C.322），古希腊演说家、雄辩家、政治家。

③ 柏拉图（Plato，B.C.427–B.C.347），古希腊伟大哲学家。

④ 亚历山大·波普（Alexander Pope，1688–1744），英国诗人，以英雄双韵体著称。

⑤ 夏洛蒂·勃朗特（Charlotte Brontë，1816–1855），英国女作家。

⑥ 吉本（Edward Gibben，1737–1794），英国著名历史学家。

安东尼·特罗洛普[①] 反对写作灵感一说,大骂这样说的人特别荒唐。

"很多伟大之作都是在一刹那的灵感中诞生的,这多么奇妙啊!"鲁弗斯·乔特[②] 的一位朋友感叹道,"这简直一派胡言!"接着,这位著名的律师反驳道,"你以为他们没有学过希腊语,能够信手拈来《伊利亚特》里面的诗句吗?"

"等待灵感降临"的人,无异于等待月光变成银色,等待魔术取代自然规律。这样的做法,是懒人的生活哲学、避难所,是鼠目寸光之人的托辞。

"人们有时将我的成功归功于天赋,"亚历山大·汉密尔顿[③] 说道,"但我所拥有的天赋只有勤奋而已。"

丹尼尔·韦伯斯特[④] 在70岁大寿时,说出了其成功的秘诀:"我的成功并无它巧,是工作成就了现在的我。从出生到现在,我都没有动过想偷懒的蠢念头。"

---

① 安东尼·特罗洛普(Anthony Trollope,1815-1882),英国维多利亚时期小说家。

② 鲁弗斯·乔特(Rufus Choate,1799-1859),美国律师、演说家。

③ 亚历山大·汉密尔顿(Alexander Hamilton,1755-1804),美国第一任财政部长。

④ 丹尼尔·韦伯斯特(Daniel Webster,1782-1852),美国政治家。

单调枯燥的工作，被称为"带来成功的灰色天使"。

"我在劳动中获得了很大的快乐，"年近 90 的格拉德斯通[①] 先生说道，"我早年便养成了勤劳的好习惯，对此，我受益良多。年轻人大多认为休息就是停止一切劳动，但我发现了更加完美的休息方法：脑力劳动和体力劳动交替进行。如果看书或者学习累了，就到户外晒太阳呼吸新鲜空气，活动活动身体。这样，大脑很快就会恢复平静并且得到了休息。我们的身体是永远不会停止活动的，即使在睡眠期间，我们的心脏仍在继续工作。一旦没有了心跳，死亡也将随之而来。我尽可能做到日出而作、日落而息。所以，我每天都睡得很好，胃口也很好，得以保持充沛的精力。我认为，这是我每天都劳逸结合的成果。"

爱迪生的一个朋友说道："在爱迪生 14 岁时，我就和他相识，就我所知，爱迪生从来都不会让一天闲着。他经常在该睡觉的时候还在看书。他不看小说或西部冒险的故事，他的书永远都是跟机械、化学和电力有关，而他也将这些书读了个通透。除了每天挤出零碎的时间看书外，他还很注重培养自己的观察能力。他除了睡觉，几乎每时每刻都在学习。"

爱迪生自己则说："我完成了一项发明就感觉兴趣索然

---

① 格拉德斯通（Iliam Ewart Gladstone，1809-1898），英国首相。

了。也许，有人会认为对发明家最好的报酬在于物质，但我不这样认为。对我而言，最快乐的时光是在我还穷得响叮当的时候。在那个时候，我开始思考怎样才能改进电报，而且用的是最廉价、最简陋的装备在做实验。现在，虽然我已经拥有了最好、最全的实验器材和设备，想做什么实验都可以，但我最大的快乐还是一如既往地扑在工作上。我认为，得以继续工作才是自己最想要的报酬，而不是世人所赋予自己的成功光环。"

"让我们为工作高唱'哈利路亚'吧！辛勤的劳动为人们所歌颂，只有工作是人人不可或缺的。"

我们必须工作，必须每天早上早早起床，无论刮风下雨，无论牙疼、头疼还是心绞痛，我们都得去上班。我们还不得不在一天花上八个或十个小时待在工作岗位上，如果有时间休息一会儿，那就得谢天谢地。学生们则必须九点准时上课，并且不允许逃课；会计师必须把账簿算得分毫不差，货物不可以和发票有所出入；售货员要对孩子、客人甚至邻居付出微笑，一天下来岂止微笑 7 次，常常微笑 77 次，甚至 777次；因为罪恶随时可能发生，警务人员在今天、明天、后天，几乎天天都不能放松警惕。简而言之，无论我们从事何种行业，做什么工作，也无论工作有多么枯燥、多么无聊，又有多累人，我们都必须提起精神，拿出耐心，认真负责地将工作完成，等到休息日时，才能好好地犒劳自己，恢复精神，以便继续投入工作。

在这个世界上，没有什么比懒惰更让人觉得是可耻的事情了。一直以来，那些连自己的包裹都不愿意"亲自"携带的年轻绅士，常常令我产生鄙视之情。

从罗马皇帝们脱离生产开始，罗马帝国就靠其他国家供养，这就好比他人供养的情妇一般。到了罗马帝国晚期，那些进行耕作生产的农民和手工业者则完全沦为奴隶，供那些贵族们使唤。思想开放的西塞罗[①] 曾写道："所有的工匠都跑去从事那些令人堕落的职业，工厂里几乎没人干活。"亚里士多德[②] 也说："在管理有方的国家，工匠是不会成为公民的，然而在罗马，这些人却永远也过不上贵族的生活，而花上一辈子给贵族们做奴隶。"当塞勒斯[③] 听说拉科尼亚腾出一个地方用作奴隶市场的消息后，非常鄙视这样的行为。因为一个不尊重劳动的国家，很快就会消失在这个星球上。

---

① 西塞罗（Marcus Tullius Cicero，B.C106-B.C.43），古罗马著名政治家、雄辩家、哲学家。

② 亚里士多德(Aristotle，B.C.384-B.C.322)，古希腊哲学家、教育家。

③ 塞勒斯（Cyrus，B.C.600-B.C.530），古波斯国王。

泰勒总统[①] 卸任没多久，政敌就推举泰勒担任弗吉尼亚州某小村庄的公路检测员，而且那里刚好是泰勒的故乡。泰勒欣然接受了任职，没有让政敌给自己出丑的行为得逞。泰勒不仅在工作上尽心尽职，而且还赢得了世人的尊重。泰勒以前总统的高尚行为，无言地斥责了政敌歧视普通人民的行为。于是，那些政敌又开始要求泰勒辞掉公路检测员的工作。

然而，泰勒则回应道："先生们，我从来不拒绝国家的任命，也从来不轻言辞职。"

因为犹豫不决，拿破仑曾付出了惨重的代价。在滑铁卢战役前的18个小时内，拿破仑不吃饭也不睡觉，他的衣服上沾满了泥土，任由雨水淋湿自己。尽管又冷又累，拿破仑却不到火边取暖。

"威灵顿公爵以勤奋著称，他的一生从未虚度，简直比太阳还要忠于职守。"威灵顿公爵的传记作家写道。

埃伦伯勒勋爵进入法律界的道路十分坎坷，但他却下定决心，准备用自己的勤奋开创出一条成功之路。每当埃伦伯勒感动筋疲力尽时，就写下"是继续工作还是饿死街头？"

---

① 约翰·泰勒（John Tyler，1790-1862），美国第十任总统（1841-1845）。

以勉励自己不要懈怠。

在救世军大会上，一名被感化的男子忏悔道："五年来，我从来没有依靠自己的劳动换取食物，也没有通过正当途径挣过一分钱，我也不知道自己能做什么。"受到感化后，这名男子发现自己可以胜任许多工作，于是他选择了帮助别人照顾小孩，虽然这名男子在一个星期内只获得一美元的报酬，但是他却乐此不疲。后来，这名男子感慨道："在一个遍地都是机会的国家，居然存在我这样一个身体健全、什么也没学会、什么都不会做的成年男子，难道这不是一个国家的悲哀吗？"

我曾见到过一把用古德语篆刻的钥匙，上面写着：请不要让我休息，否则我将很快生锈。

在英格兰，曾经设立过这样的法规，用以惩罚懒惰者，规定如下：初犯懒惰罪的人，将接受陪审团的审判，其懒惰事实将被记入档案；第二次再犯懒惰罪的人，将接受双手炙烤之刑；第三次犯下懒惰罪的人，将执行死刑。1556年，该法案修改后并得到施行：初犯的刑罚是接受鞭打；二犯被鞭打后，上半部分的耳朵被切割下来；三犯被送往大狱；四犯被执行死刑。即便在古文明的希腊，法律也难容懒惰之人。

在浩瀚的宇宙，即便最为微小的原子也懂得勿要虚度时光。天地间，万事万物都遵循着自己的运行轨道。左拉①曾经说道："工作是世界运行的法则，只有循序渐进，才能到达目标。"正所谓"生命不息，奋斗不止"。一旦人们停止了工作，就要落后于人。如果一个人的才华和能力得不到施展，就会慢慢退化。其实，大自然赋予了我们工作的能力，同时也赋予了我们懈怠工作的恶习。如果人们不加以克制，就会慢慢走向堕落、死亡。

在童话故事中，劳动就是魔杖、点金石、幸运帽，那些锄头、砧板和纺织机则是劳动者立足世界的标记，也是荣誉的装饰品。那些因劳动而成功的信徒，都是勤奋的佼佼者，均为造福人类奉献了自己的一份力量。

其实，通向成功的最大障碍，就是懒惰和拖拉。如果一个人一旦养成了懒惰的习惯，他的精力就会日渐减少，理想也将慢慢消失。这样的懒汉，就变得饭来张口、衣来伸手，可是谁又能来伺候这个懒汉呢？如果其仍将死不悔改，估计就会被残酷的现实所吞噬。试想，谁又会可怜不劳而获的懒汉呢？纵观古今，懒汉的数量实在为数不少，所罗门曾这样描述过懒惰的人："就睡一会，再多睡一会，然后双手一叠，头往上一枕，又睡着了。"

① 埃米尔·左拉（émile Zola，1840-1902），法国自然主义作家。

《闲谈者》杂志建议，把每个对社会毫无价值的人都视为死人，因为他们只在比别人稍强些的时候，才能算是曾经活过。根据这个理论，不少人到了 20 岁才算真正出生，还有一些人则到了 30 岁才开始出生，甚至一些人都到了 60 岁或者死前的一个小时，才意识到自己白活了大半辈子。

在一本小说中，埃米尔·左拉描写了两个巴黎洗衣女工的对话，她们讨论的话题是："假如她们每年有一万法郎，是否还会从事自己喜欢的职业。"结果，这两位女工一致认为：如果有钱了，就没必要工作了。

卡莱尔认为："工作具有难以形容的神圣性。如果你找到了适合自己的工作，那么祝贺你，你将会是一个十分幸运的人，因为你再也祈求不到比这更能让自己感到幸运的事情了。一个人一旦有了工作，人生也就有了目标。如果你已经找到了这个目标，那就为之奋斗吧！用自己的双手在腐烂的沼泽地里开辟一条水渠，像河流一样自由地奔跑，排走草根以下的恶臭污水，让清澈流动的溪水洗净沼泽地里的腐烂气息，催生出一片青翠丰腴的草地。劳动能够造就人生，你的人生是在沼泽地还是在草地，取决于你那双开辟溪水的手是否勤快。为工作而学习有用的知识，从工作中总结出知识，形成自己的知识体系，这才是真正有意义的事情，其余的都只是一些空想。"

沃尔特·斯科特[1] 说："上帝将祝福送给习惯早上7点起床的人。因此，我也必须很早起床，否则什么都做不好。对我而言，一大早爬起来工作，这时的效率才最高。"在艾博茨福德，斯科特的朋友对其感到十分奇怪，因为斯科特整天无所事事地陪他们玩乐，却有时间处理好工作。其实，他们不知道，就在自己还赖在床上睡懒觉的时候，斯科特已经把一天的工作做完了。

工作使人两眼放光、面色红润。在工作的督促下，人们锻炼了身体，保持了清晰的头脑，脉搏也因此健康地跳动。工作是大自然赐予人类的神药，治愈了太多让人类痛苦不已的疾病。工作之后，很多人不再消化不良，那些"带来不幸"的诱惑也将自行灭亡。当初，如果耶和华离开伊甸园前，给亚当分配更多的工作的话，那么，蛇就不会有机会乘虚而入，继而诱惑亚当。

天道酬勤！上天赠予了勤劳者三个祝福：脚踏实地，顺利成材；目标明确，马到成功；精益求精，福至心灵。勤劳是上帝对人类的祝福，也是所有成功和文明的母亲！

拉斯金说："听说某位青年才俊天赋极高，但是，我最

———————

① 沃尔特·斯科特（Walter Scott, 1771–1832），苏格兰历史小说家。

想知道的第一个问题是：'他工作吗？'"

"劳动吧！生产吧！即使劳动的结晶微不足道、毫不起眼，那也是神圣不可亵渎的。难道劳动不是人类的最终目的吗？起来吧！去工作吧！"卡莱尔呼喊道，"把你手上的任何工作，都竭尽全力做到最好吧！"

第二章

天道酬勤 Blessed Be Drudgery

第三章

Honesty—As Principle And As Policy

诚实，既是原则也是策略

诚实是上帝赋予人类的最高品格。

——波普[1]

诚实之人，即使一穷二白，也堪称人类之王。

——彭斯[2]

我宁可放弃总统的位置，也要做诚实正直的人。

——亨利·克莱[3]

两点之间，直线最短。这是几何学上的规律，也同样适用于人类。

——艾萨克·巴罗[4]

---

[1] 亚历山大·波普（Alexander Pope，1688-1744），英国诗人，以英雄双韵体著称。

[2] 罗伯特·彭斯（Robert Burns，1759-1793），苏格兰诗人。

[3] 亨利·克莱（Henry Clay，1777-1852），美国政治家。

[4] 艾萨克·巴罗（Isaac Barrow，1630-1677），英国数学家。

约翰·昆西·亚当斯^① 总统的儿子从文件架上抽出一张纸，正准备用来写信。没想到亚当斯总统厉声喝道："把纸放回去！"亚当斯总统解释说："这张纸是属于国家的，你用我的信纸写信吧，我的信纸就放在桌子的另一边，是我写私人信件用的。"

亚当斯总统在很多方面都严于律己，他以严谨、求实、守时的精神，早已为大众所熟知。在还是众议院的一名议员时，只要亚当斯走进大门，其他议员就知道会议即将开始。亚当斯总统从不失约，他认为浪费别人的时间，无异于盗窃他人的钱财。

"去吧，我的儿，我已经把你交付给了上帝。"阿卜

① 约翰·昆西·亚当斯（John Quincy Adams, 1767-1848），美国总统。

德·厄尔·卡德尔[①] 的母亲在其临走前说道。母亲交给卡德尔 40 块银币，要求他发誓"永不撒谎"。卡德尔的母亲说道："即使我们今后没有相聚的机会，到了审判日那一天，我们还是会再见的。"

于是，年轻的卡德尔便离开了家园，前往远方追求自己的人生。不幸的是，才过了几天，和他一起旅行的一行人，便遇上了强盗。

"你身上有多少钱，通通给我拿出来！"强盗咆哮道。

"有 40 第纳尔，就缝在衣服的口袋里。"卡德尔诚实地答道。强盗并不相信，只是大笑。

"快说，你身上到底带了多少钱！"强盗的二把手更加凶狠地问道。卡德尔只得再次重复了一遍刚才的回答，但没人相信他。

"过来，孩子，"强盗首领注意到这位年轻的旅人，再问一次，"你身上带有多少钱？"

"我刚刚告诉了你的手下，我的衣服里缝有 40 第纳尔，可是他们就是不相信。"

"把他的衣服给我撕开！"强盗首领命令道。很快，他

---

① 阿卜德·厄尔·卡德尔（Abd-el-Kader，1808-1883），阿尔及利亚民族英雄。

们便在卡德尔的衣服里找到了 40 块银币。

"你为什么要告诉我们呢？"强盗首领问道。

"因为，我向妈妈保证过'永远都不撒谎'。"

"孩子，"强盗首领说道，"你还这么年轻，就知道遵守你和妈妈的约定，而我呢，已经是成人了，却还不知道履行自己对上帝的承诺。把你的手给我，我发誓，我从此不再行恶，改过自新。"

其他强盗见状，无不感到惭愧，深深地低下了头。

"你现在就是我们的精神领袖，带领我们赎罪吧。"强盗的二把手说道，"至少对我来说，你是我改过自新的引航人。"说完，他握住了男孩的手，跟首领一样忏悔改过。于是，其他强盗也纷纷上前忏悔。

诚实的力量，即使蕴藏在孩童身上，也足以影响周围的人，引领人们向善。这样的结果也许不如阿拉伯人的故事那么匪夷所思，却在我们身边经常演绎。

"如果诚实不存在人类之中，我们就自己把它制造出来，使之成为人类致富的工具。"米拉博[1] 说。

在农村的一所学校里，老师让坐在前排的学生拼写一

---

[1] 米拉博（Honoré Gabriel Riqueti, Comte de Mirabeau, 1754-1792），法国政治家。

个很难的单词,学生写不出来,老师就叫后面的学生接着写。结果大家都拼写不出,最后,全班最小个子的学生写了出来,并被安排坐到了教室的第一排。于是,老师将这个单词写在了黑板上,让所有学生观摩、学习。老师刚写完,那个最小的男孩就喊道:"噢!老师!我不是那样拼的,我把'i'写成了'e'。"说完,这个小个子男生又很快回到了原来的座位上。在这个小个子男生心中,相比于荣誉,他更愿意获得真诚。

红衣主教在忏悔时,想通过自我批评来获得人们的称颂。他说:"我曾经犯下了各种罪恶"。神父则回答道:"你能承认,就说明你已真心悔过。""我曾经自傲不凡、野心勃勃,心中充满了怨恨。"红衣主教接着叹息道。

这时,在人群中出现一声怒吼,只见一位僧人怒斥道:"你的确是这样的人,你确实犯下了太多的过错。"短暂的沉默之后,红衣主教突然勃然大怒,大骂道:"谁叫你插嘴了,蠢材!你真以为我是在忏悔啊?""噢!噢!"神父大惊失色,说道:"那么,你就是在骗人!"人群开始骚乱,主教则灰溜溜地逃离了告解室。

伊桑·艾伦走进琼斯律师的办公室,说道:"琼斯先生,我欠一位在波士顿的先生60英镑。现在,他把借条寄到了佛蒙特州，但我现在暂时还不了，请你帮我延迟还债时间，等我筹到了钱再还给他。"律师答应了。第二天开庭时，琼斯便站起来说道："尊敬的法官大人，我们认为借条上的签名是伪造的。"琼斯深知，在这个时候，法庭就不得不从波士顿传来证人，艾伦也就有足够的时间筹钱。

然而，意想不到的事情发生了。艾伦在法庭上大发雷霆，"琼斯先生！我并不是请你来撒谎的！这张借条是真的！我可以发誓，我在上面签了名，而我也绝不会赖账！我不是来推卸责任的，我只是想争取一点筹齐借款的时间。我请你来帮我延迟还债的时间，并不意味着你就可以撒谎！"琼斯被艾伦震住了，案件却如艾伦所愿，推迟审理。

在底特律的一家杂货店门前，有位男孩前来应聘，老板问道："如果我聘用你，你会听我话，把我所说的照单全收吗？"

男孩回答道："会的，先生。"

老板继续问道："如果我把低档次的糖说成高档货，你也会照说吗？"

"我一定照说。"男孩毫不犹豫地回答道。

"如果我把掺杂了豆类的咖啡说成是纯浓咖啡，你也会照说吗？"

"我会照说的。"男孩斩钉截铁地说道。

"如果我说店里的黄油全都是新鲜的，而你知道其实都是在店里放了一个月的积压货，你也会附和我吗？"

"我一定照说。"

老板想了想，问道："你想要多少薪酬？"

"每周100美元。"男孩老练地答道。

杂货店老板差点没从凳子上掉下来，他震惊地问道："周薪一百？"

"是的。"男孩冷淡地说，"聘请高级骗子是要贵些，更何况你要用于商业用途，自然得多花钱。不然的话，每周给我3美元都够了。"杂货店老板顿时哑口无言，男孩顺利得到工作并如愿以偿地争取到了3美元的周薪。

在一家新开的商店，一帮印第安人蜂拥而至。他们到处查看商品，却什么也不买。最后，族长走到店老板前，说："你好呀，约翰！拿些好货给我看看吧。啊哈！我要这张毛毯了，还有这匹花布送给我的女人。这张毛毯值三张水獭皮，花布值一张。啊！我明天再付给你吧。"族长说完，拿了东西便走了。第二天，族长又把一大帮族人带来商店，这一次，族长在毛毯里裹了不少水獭皮。"约翰，我现在付你钱了。"于是，族长抽出四张水獭皮，一张张地放在柜台上。

接着，族长又抽出第五张饱含光泽的罕见水獭皮，也放在了柜台上。

族长做完这些动作后，说道："现在，约翰，这些全是你的了。"然而，约翰却把第五张皮退回给族长，并说："你只欠我四张，我只拿我应得的。"两人来回推了几次，最后，族长很满意地将那张水獭皮收了回去，并且仔细端详约翰一番后，大步走到门前，大声对他的族人说道："大家以后都可以跟白人约翰做交易了，他的心大，懂得诚信是做交易的基石，他是不会骗印第安人的。"说完，族长又转过身跟约翰说："如果你拿了最后那张水獭皮，我就会告诉我的族人，从今以后也不会在你店里买东西。不瞒你说，我们已经赶走了好几家店铺了，而你是印第安人的朋友，我们只跟你做交易。"天黑前，约翰进账了很多水獭皮，换来了很多钱。

美国新奥尔良市的商界巨头雅各布·巴克[1]曾经做过一件这样的事情。当时，巴克的一艘船迟迟没有归航，于是，巴克便在保险公司买了一份新保险。然而，在当时，由于货船出事故的风险太高，保险公司要求巴克支付巨大的保额，但是巴克嫌费用太高，只希望以较低的价格投保。双方僵持不下，最终未能达成协议。

---

① 雅各布·巴克（Jacob Barker，1779-1871），美国商人。

就在当天晚上，送信人带来了噩耗：船沉没了。巴克得知后，只说了一句"好的，知道了"。第二天早上，在去公司的途中，巴克让马车夫在保险公司门前停了下来，并叫来保险公司的业务员，平静地说道："朋友，你不用帮我制定新保单了，那艘船已经出事了。"

"噢，先生！请稍等一下。"业务员立即跑进办公室，接着又跑了出来，说道："可是先生，我们已经把方案制订好了，你已经不能退了。"

"这是怎么回事呢，我的朋友？"巴克问道。

"您昨晚离开后，我们讨论并通过了您的提议，并马上把新的保险方案做了出来。这张保单是具有法律效力的，请您务必收下它。"说完，公司的一名文员就送来了一份刚刚签了名的文件，纸上的墨迹都还未干。

巴克见状，只得说："朋友，既然你们已经制定出了新的保单，我也就不能推诿了。"说完，巴克就将文件塞进了口袋。

很快，船出事的消息传遍了全市，保险公司也依照合同赔付了一大笔金额，同时，保险公司的信誉也因此传开了。

C.F.亚当斯讲述了一个荷兰人做生意的故事。"我开了家小店，也赚了点小钱，但没有多少资金，所以很难得到贷款，也就不能将生意做大。就在上个星期，我听说某组织要低价出卖一些东西，于是写信告知他们，并希望能将这些东西卖给我，同时要求对方宽限我几天再付钱。对方回信说可以，但想先看看我的店铺，如果觉得好，就与我合作。

"到了昨天，一位先生来到我的店铺，对我说：'我相信你就是斯密特先生吧。'我回答说'是'。当时，我心里想，这个人肯定就是那个卖主，我一定要给他留下好的印象。

"后来，那个人接着说：'你的店铺不错，只是太小了点。'当时，我很害怕对方知道我的小店全部加起来才值一千美元，于是，我扯了谎，说道：'您看我的店那么小，你肯定会合计我一时半会儿也凑不上 3000 多块钱？'对方说：'是的！'那个时候，我特别想告诉对方，自己能够拿出这 3000 元钱，但是后来我想到乔治·华盛顿这个楷模，决心诚实地承认。

"接着，那位先生说道：'我想你有权利知道自己店里所有东西的价值。'说着，那个人将腋下夹着的一堆本书拿在手里，说道：'我贷给你 3000 美元。'我愕然了，对方则解释自己是帮政府办事的，正在物色投资对象，还称赞我是个诚实的荷兰人，不会想尽办法骗政府的钱。

"我从来没有这样高兴过。那个人从店里离开时，我暗自发誓：从今以后，就算是对陌生人，我也不说一句谎言。"

在著名作家马克·吐温[①] 笔下，曾讲述了这样一个故事：奥杜邦[②] 是美国著名的鸟类图鉴画家，其后代的生活穷困潦倒，甚至愿意以一百美金的价格贱卖祖传的鸟类图鉴，而这本图鉴市值却是一千美元。为捡到这么大的一个便宜，许多求购者摩拳擦掌。"然而，哈蒙德·特朗布尔却不如此，这也正是他与众不同之处。"马克·吐温感叹道："在南方，有一位被贫穷所困的女士，曾写信告诉哈蒙德言明自己有艾略特[③] 的《印度圣经》，愿意以一百美元卖给他。哈蒙德则回信道，如果她的书完好无缺，那么在市场上要值一千美元，即使是卖给大英博物馆也能值这个价。后来，这个女人因为拥有一本完整的印度《圣经》，换取了哈蒙德的一千美元。因为只有这样的交易，才能算得上是人类高尚的行为。"

现在，人们用一则小寓言讽刺造假行为：话说有四只饥饿的苍蝇，第一只被香肠诱人的可口外表所吸引，并尽情地饱吃了一顿。然而，它很快就因为得了肠胃炎而一命呜呼，

---

① 马克·吐温（Mark Twain，1835-1910），美国现实主义作家，著名的幽默大师、小说家。

② 奥杜邦（John James Audubon，1785-1851），美国著名的画家、博物学家，他绘制的鸟类图鉴被称为"美国国宝"。

③ 艾略特（Thomas Eliot，1888-1965），英国著名现代诗人和文艺评论家。

原来香肠里添加了苯胺；第二只苍蝇则用面粉做早餐，立刻就因胃抽搐而毙命，原来面粉里掺杂了过量的明矾；第三只苍蝇因偷喝牛奶解渴，便突然全身抽搐，剧痛无比，痛得其宁愿一死了之，原来牛奶里添加了粉笔灰；最后一只苍蝇见状，心里发慌，想道："不如早死早超生呢！"于是，当这只苍蝇偶然看到一张潮湿的纸上画着代表死亡的骷髅头，并写着灭虫剂的时候，它便将自己嘴上的吸管伸到了液体里，想喝灭虫水自杀。然而，出乎苍蝇意料之外的是，毒药是越喝越有精神，"想死也死不成"。后来，这只苍蝇才发现灭虫剂是假冒伪劣的，结果自己反倒在灭虫剂的滋润下越长越胖。

乔治·T·安杰尔说，有一位富商曾告诉他，在其商店里，只有一种茶自己敢让家人饮用。然而今天，很多商家都借助一些欺骗的伎俩来谋取利益。他们对不合格或偷税漏税的商品睁一只眼闭一只眼，一旦"东窗事发"，便编造理由称"都是竞争迫使我们做的啊"。可想而知，这些商家的后代必然会受其长辈的影响，从而扭曲正确的道德观点，也变成唯利是图的人。

世界需要诚实正直的年轻人，这些人不会给"美国制造"的毛织品贴上"英国制造"的标签，也不会把纽约生产的亚麻说成是爱尔兰生产的亚麻。世界不需要不懂装懂的医生，他们明明不会医治某种疾病，却谎称没问题，拿病人做试验，胡乱开一堆药。世界也不需要拉帮结派或暗箱操纵的政治家，也不需要为了得到律师费而隐瞒没有机会胜诉的事实，还怂恿客户上法庭的律师，也不需要为了更高的薪酬或名誉而背弃上帝的神父。世界只希望商人能诚实地把 1 码算成 36 英寸，把 1 蒲式耳算成 32 夸脱。在这个世界上，我们都希望记者不会因为主编的要求而写出诽谤中伤别人的文章，也希望每个人都不会说出"我没有错，大家都是那样做的"这样的话来。然而，在这个物欲横流的世界，每个意欲迅速致富的年轻人却都在铤而走险。

A.T.斯图尔特[①] 立誓要开一家不欺骗顾客的服装店。在斯图尔特的服装店里，他严禁员工对顾客撒谎，甚至不允许员工隐瞒商品存在的不足。有一次，斯图尔特就一批新款服装的采购询问员工的意见，有位员工认为这批衣服设计低俗，有一些甚至很粗俗。然而，一转身，这位刚刚对手上拿着的新款衣服样品批评了一番的年轻人，看到一位从内地来的大客户询问有无新款的高档服装时，马上就介绍道："有的，先生，我们刚刚进了一批新货，很适合你穿。"说完，这位员

---

① 斯图尔特（Alexander Turney Stewart，1803-1876），美国富商。

工拿出了自己刚刚数落不是的衣服，当着客户的面又极力地推荐了一番，并信誓旦旦地说像这么漂亮的衣服很快就会卖完，希望客户抓住机会，迅速购买下来，否则"过了这个村，就没这个店了"。在一旁的斯图尔特先生，将整个"营销过程"全盘目睹下来，于是，他提醒客户再仔细查看手上的衣服。随后，斯图尔特叫那名年轻的员工去账房将工资结清了，因为斯图尔特已经解雇了这位撒谎的员工。

在波士顿某服装店，老板看到一位女士两手空空地走出店外，便问销售："你为什么不向她推销衣服呢？"销售回答道："那位女士想要米德尔塞克斯制造的衣服，而我们店里没有。"没想到这位老板怒斥道："你可以随手拿一些货物给顾客，骗她说是米德尔塞克斯产的不就行啦！"这位销售性子也很倔，反驳道："但是先生，这并非事实。"于是，这位老板生气了，大声喝道："我不需要自命清高的员工！"可是，老板的怒吼和呵斥并没有让这位员工低下诚信的头颅，反而严正声明："如果你要我通过撒谎来保住饭碗，那么，我可以明确地告诉你，我宁可辞职！"后来，这位坚守原则的年轻人，成为了一名受人尊敬的成功商人。

比彻曾经说道："在我们周围，有一些人永远也不会知晓守卫道德能够帮助他们带来很多好处。因为，这些人过于贪心，总是通过损害他人的利益牟取暴利，或是以不公平的交易换取利益。其实，每个人都有可能拾到不属于自己的贵重物品，然而，不论社会谴责与否，把他人的东西据为己有的欲望，都是一种被人唾弃的行径。"

在一家商铺里，有位女人惊呼道："好精致的发光卡片！尤其是那张，上面还写着'诚实是最好的策略'。"售卖卡片的人则表达了同样的感受，"可不是吗！这些都是我从欧洲带来的，用了很多东西才交换得来，怎么样，物有所值吧？"

在缅因州，有一位农民生产的苹果又大又甜。这位农民用木桶将苹果装好，并在每个桶上都贴上了自己的名字，并要求购买者买到苹果后，能够将苹果的状况以及喜欢的程度向自己反馈。不久，这位农民就收到了一封来自英国的信，在信中，购买者极力地称赞了农夫的苹果，并表示希望农夫能把所有的苹果都卖给他，并且直接运送到指定的经销商那里。

另有一则这样的故事。在运输途中，贴着"产自弗农山的乔治·华盛顿农庄"的面粉，在西印度码头便可以免除常规检查，因为上面的标签足以保证面粉的质量和分量。只要是盖上这个标签的商品，无论到哪里，都是高品质的强力保证。

有位年轻人经常抱怨："我很诚实，然而我却没有获得成功。"其实，单纯做一个诚实的人，不一定能有机会品尝成功的果实。老板不会因为你不偷用办公室的图章就给你升职、加薪，因为老板还要考验你的能力、才智以及对工作的热情。

马塞诸塞州卫生局截获了一封信，信件中的内容爆出了一个惊人的事实：在人们吃的、喝的以及穿的商品中，有百分之一的掺了假。

马塞诸塞州，波士顿，10 月 25 号

尊敬的先生：

我希望 ×× 可以引起你们的重视，因为我是那里的代理商。在波士顿周边地区，牛奶生产商们都在用这种方法提高牛奶的产量，以便在牛奶稀缺的时候，有足够的牛奶供应市场。这种做法对牛奶的质量并不产生影响，并且牛奶质检员和卫生局都无法检验出问题来。因为兑水 ×× 就不会被检验出来，然而这样做了之后，牛奶的价格就会低廉，并且牛奶的产量足以供应市场三个月的需求。如果您有朋友在这个行业工作，请把这些告诉他们。

　　　　　　　　　　　　　　您的朋友

　　　　　　　　　　　　　　×　×　×　×

　　　马塞诸塞州，波士顿，11 月 8 号

尊敬的先生：

　　您的来信以及由亚当斯快递寄来的样品均已收到。请不要担心牛奶的颜色、味道或者气味会有什么变化，牛奶还是一样的牛奶，放心尝试吧。我们随机抽取的牛奶样品，经过检验后发现，牛奶没有问题，因为 × × 可以中和用来检验牛奶的化学成分。

　　　　　　　　　　　　　　您的朋友

　　　　　　　　　　　　　　×　×　×　×

　　以上的信件还附上掺兑水、糖、盐分量的说明，写信人还写道："如果您想制脱脂牛奶，还可以多掺和一些水。但是，不要放太多的糖，那样的话，牛奶会过于黏稠。无论如何，这样的牛奶还是富有营养的。"

　　想想看吧，如果我们生活的世界，大自然跟人类一样不把诚实当回事，山川、大海、森林甚至河流都会成为反复无常的骗子：看似肥沃的土地却无法种植作物；看似美丽的风景却只是海市蜃楼；人们以为永恒不变的重力规律却突然变卦；星球突发奇想地要换个轨道运行；微粒原子摒弃自身的属性规律……

埃姆斯[1]曾经感叹地说道："在雪铲公司工作的那20年，是我一生中过得最快乐的时光。那时，只要我去谈生意，所到之处的人都认得我，因为用我的名字生产的雪铲，已经成为了诚实的代名词。

"在过去的20年，埃姆斯雪铲都没有改变过价格。因此，在西部通货膨胀时期，人们甚至将埃姆斯雪铲当作一种货币在民间流通。那时，只要拥有埃姆斯雪铲，就可以还清所有债务。

"虽然我们的商品行销全世界，但我们从来不需要通过中介机构来代理销售。我们制造的商品举世称好，全世界的人都想拥有。我们甚至不需要踏出国门半步，世界各地的人却能够慕名而来，争相购买。"

某人乘坐马车在南非行驶了一千英里，最后总结道：布尔人、布须曼人以及两者的混血儿是世上最愚昧的种族，他

---

[1] 埃姆斯（Oliver Ames，1831–1895），美国马塞诸塞州第35任州长。

们居然没有听说过埃姆斯雪铲。要知道，贴有"奥利弗·埃姆斯家族"标签的商品，是全世界公认的优质商品。幸好在好望角、澳大利亚以及世界其他偏僻的角落里，这个来自"老殖民地"马萨诸塞州的牌子已经是家喻户晓，它的优良做工如同白蜡树般坚固、钢铁般货真价实。

里德先生对来自新泽州的约瑟夫·里德[1] 说："如果你同意运用自己的影响力，调解大英帝国和殖民地之间的矛盾，从而结束这场漫长的战争，我们则愿意付给你1万个金几尼。"然而，对方回应道："我不是用金钱可以收买的。如果真能用金钱收买的话，就是大英帝国的国王也没有足够多的钱。"

伊利诺亚州正在争取通过一条关于离婚的议案。尽管斯蒂芬·A·道格拉斯[2] 重病缠身，躺在斯普林菲尔德的一家旅馆里养病，但他仍然要求人们将自己抬到议会现场，靠在床垫上为议案拟稿："特此决议，伊利诺亚州就算一分钱也不出，也要保持诚实的态度。"这个议案最终被采用了，不仅重重地打击了伊利诺亚州的离婚立案，而且影响了其他各

---

[1]　约瑟夫·里德（Joseph Reed，1741-1785），美国政治家。

[2]　斯蒂芬·A·道格拉斯（Stephen Arnold Douglas，1813-1861），美国政治家，曾与林肯竞选总统。

州。由此，整个美国开始重新重视婚姻道德。

《纽约时报》的记者乔治·琼斯调查到，控制纽约市政府的坦幕尼派"首领"威廉·马希·特威德挪用了大笔公款，并将之写成报道，准备在《纽约时报》发表。特威德集团得知后，想用一百万美元买下那篇报道，乔治·琼斯却不买账。结果，报道一天都没耽搁就发表了，贪官们则遭到了逮捕和判刑。

从此之后，琼斯受到了人们的尊敬。然而，看看权势熏天的特威德集团落得了什么下场？在当时，特威德集团可以说控制了整个纽约市甚至整个国家。他们就算从纽约市财政局偷了几百万美元，那又如何？还不是在贫穷、绝望、悲惨以及名声扫地中，为自己所犯下的罪过，付出了惨痛的代价。

有人声称自己绝不会听林肯的演讲，甚至在 1856 年竞选议员时，因为林肯也去演讲而放弃了竞选。"林肯让我相信，他是一个过于自负的人，然而，我不喜欢这样的人。"

在美国，"诚实的亚伯"几乎成了这个国家的流行语，并且用来代表诚实的人。

刚开始踏入律师行业时，林肯还只是个穷小子。一天，一位刚刚结束局长任期的邮局代理人，找到林肯，想要向他索回结欠的政府余额。当时，亨利博士断定一穷二白的林肯早已把钱花掉了，做好了借钱给他的准备。没想到林肯请求他们稍等一下，返回宿舍取了钱，然后，拿着一只旧旧的长筒袜回来，并从里面拿出 17 美元 60 美分，不但一个子也不少，而且还是原来的那些钱。后来，人们才知道，林肯即便急用钱，也不会动用不属于自己的钱。

一次，林肯对前来咨询申请土地使用权的客户说："你得先花 3 万美金进行投标。""可是我没有那么多的钱啊。"对方回答道。林肯则说："我可以帮你借。"说完，林肯便走进一家银行，向出纳员说自己想借 3 万块钱，用于合法投标。"一两个小时后，我便可以还钱。"林肯补充道。出于对林肯的信任，出纳员甚至没有开单据就将钱借给了林肯。

伊利诺亚州斯普林菲尔德的一名律师这样评价林肯道："只有林肯肯定前来寻求帮助的顾客是受害方时，他才愿意接受案件。久而久之，法官、律师、评审团甚至旁听的公众都知道，只要是亚伯拉罕·林肯为之辩护的一方，肯定是属于正义的一方，是应该得到公正裁定的一方。我说这番话并非出于政治偏向，恰恰相反，我跟林肯属于敌对党派，而我仅仅只是在陈述事实而已。"

一旦林肯发现客户撒了谎，不是应该得到公正的一方，他则拒绝再为之辩护。然而，林肯的搭档却不以为然，继续跟进案件，并最终获得胜诉。而且胜诉收入所得的 900 美金，林肯一分也不肯要。林肯立志要做一位正直的人，追求健全而高尚的人格。如果林肯和别人合作打官司，收到费用后，他从来都照实分配，给予搭档应得的部分。

受诚实品质的影响，还在杂货店工作的林肯，曾经徒步夜行 6 英里，把找漏的零钱还给了一位贫穷的妇女，而不是等她下次再来时，才告诉她少找钱的事。"诚实的亚伯"正是因为其高尚的品格，成为了人类先贤中的佼佼者。

林肯的朋友从芝加哥总统候选人提名大会上发来电报，告知林肯如果想获得提名则必须拉拢到两个反对党代表团的选票，只要林肯允诺保证代表团领导能够获得内阁部门的职位，他就能够得到提名。然而林肯给的回答是："我不做任何交易，也不愿为任何事情受制于人。"这便是林肯，一位像伯克一样拥有"圣洁的名誉感"、不能容忍任何污点的人。

说到诚实，就不得不提迈耶·安塞尔姆[①] 的故事。安塞尔姆是拥有巨额财富的罗斯柴尔德家族的创始人，在 18 世纪末，他居住在德国法兰克福市的犹太人聚集区里。在那

---

① 迈耶·安塞尔姆（Meyer Anselm，1744-1812），罗斯柴尔德家族的创始人，国际金融之父，曾经是欧洲银行的巨擘，创建了全球第一家跨国公司，国际金融业务的首创者。

里，安塞尔姆的很多犹太同胞都遭到了迫害。即使后来拿破仑攻下了这里，他们的境况仍然没有得到多大的改善。在拿破仑当政期间，曾经有一个时间段，犹太人是禁止出门的，否则，将被处于极刑。犹太人受尽欺辱，被赶至社会最底层，没人相信他们，也没人愿意同他们做买卖。然而，安塞尔姆却证明了自己的与众不同。安塞尔姆在低贱的犹太区建立了自己的公司，并挂上红色盾牌，给自己的家族改名为"罗斯柴尔德"，即德语"红色盾牌"之意。就在这里，安塞尔姆开始了放贷生意。

后来，海塞卡塞尔的威廉王子被拿破仑赶出德国，他便将自己聚敛得来的 500 万银币托付给了安塞尔姆。威廉王子其实并不奢望还能拿回这笔钱，认为这帮入侵者很快就能把钱找到。然而，安塞尔姆非常精明，他把钱藏到了后花园，等危险一过便拿出来放贷。威廉王子回国后，安塞尔姆便派自己的大儿子给王子送去了一份惊喜，报告威廉王子那 500 万不但安然无恙，还借贷了出去，赚取了不少利息。

罗斯柴尔德家族历代都没有出现过给家族蒙羞的人，他们每一个人都人品正直、生活检点。现在有人预测，到下个世纪末，罗斯柴尔德家族的财产将会达到 5000 万美元。

当一个年轻人开始琢磨怎样才能不劳而获时，他的悲剧生活便由此开始。

参加任何赌博游戏，都是期望不劳而获或者获比劳多的行为，无论由此得到的是一分钱还是一百万，都是不诚实且不光彩的。只要你动用了不属于自己的财物，即使只是偶尔为之，也属于不诚实的行为。

"星期一，我投身股票市场；星期二，我进账百万美金；星期三，我买下豪华大宅；星期四，我卖掉所有股票；星期五，我下了漂亮一注；星期六，轰隆一声，我又一无所有。"这并非耸人听闻，这样的事情就发生在我们身边，而且屡见不鲜。

第四章

Habit—The Servant, —The Master

做习惯的奴隶还是主人？

养成良好的习惯，可以改进人的天性。

——培根①

习惯，用它钢铁般的胫腱，束缚我们，带领我们，度过着每一天。

——拉马丁②

习惯之链像蛇一样，紧紧缠绕着心脏，使之窒息再慢慢将它啃食。

——黑兹利特③

习惯伪装之人，即使突然醒悟，想真诚一次，便发现自己已经无法做到。

——F.W. 罗伯逊④

出于责任感，不断重复做一件事，便能形成习惯，这是人类天性中的美好一面。良好的习惯，是挂在脖子上的花环，可以抵御不良习惯的入侵。

——帕克斯顿·胡德⑤

---

① 培根（Francis Bacon，1561-1626），英国哲学家、作家。

② 拉马丁（Alphonse de Lamartine，1790-1869），法国19世纪第一位浪漫派抒情诗人。

③ 黑兹利特（William Hazlitt,1778-1830），英国文学批评家、哲学家。

④ F.W. 罗伯逊（Frederick William Robertson，1816-1853），英国教士。

⑤ 帕克斯顿·胡德（Edwin Paxton Hood，1820-1885），英国著名作家、非国教徒。

一位年轻的少妇询问专家："我应该从什么时候开始培养孩子？"

专家问："你的孩子多大了？"

少妇答道："两岁了，先生。"

专家严肃地说道："那么，你已经浪费了两年的时间。"

奥利弗·温德尔·霍姆斯[①] 对这个问题给出的答案则是："你首先要做的，应该是让全家人都养成良好的习惯。"

比彻说："在密西西比河的河口，想要止住从四面八方奔涌而来的河流，是一件不可能的事情。雷德河、阿肯色河、俄亥俄河以及密苏里河，都在这里交融汇合，难以分离。如果想从河流里筛选出哪些是从阿利盖尼或是落基山脉

---

① 奥利弗·温德尔·霍姆斯（Oliver Wendell Holmes，1809-1894），美国作家、教授、医生。

冲刷下来的泥土，简直是异想天开。同样，如果把人比喻成密西西比河，那么习惯就是从四面八方奔涌而来的河流，再也无法将之分离出来。"

"种下一次行为，就收获一样习惯；种下一样习惯，就收获一份人品。"

好习惯要通过自律和克己养成，而坏习惯则像杂草，不需要浇水施肥，也能够异军突起，跟好习惯抢夺生长的土壤。如果播下一颗加拿大的蓟种子，我们就得花费十年的功夫去除草。

当人们到了 25 岁或 30 岁以后，就很难再有所改变，只能是比以前走得更远些。好在每个人在年轻时，要养成好习惯并不比养成坏习惯难，只要坚持行善，就不会被邪恶所诱惑。

在人生头二十年养成的良好习惯，将受益接下来的后二十年。

某位作家在写斯坦福德郡的历史时，插入了一个傻子的故事。那个傻子住在城里的大钟附近，每天就在钟下自娱自乐地数时间。久而久之，即使没有看到钟，傻子也能准确地知道时间。最后，因为一次事故，大钟坏了，然而傻子却能够确切地知晓当时的时间。

约翰逊博士每走过一条街，都必须摸一摸与他擦肩而过的柱子。如果有一根没有摸到，他便焦躁不安、神经紧张，非得倒回去摸一摸，才能安心。

即便是思维，也会形成习惯。

遗传就是一个人将自己的习惯，遗传给了子孙后代。

波恩大学的佩尔曼教授，曾就遗传性酗酒做了专门的研究。他从整个德意志帝国随机挑出了一部分人，跟踪调查他们祖孙三代从事的职业，最后将这些人的情况制成了表格。最后，佩尔曼教授惊奇地发现，酗酒的人通常都有一个酗酒的祖先。Ada Jurke 夫人是佩尔曼教授跟踪调查的其中一个对象。她生于 1740 年，酗酒史长达 40 年，期间以偷盗和乞讨为生，于 1800 年离开了人世。她的后代共有 834 人，其中，在当地政府有生死记录的有 709 人。这 709 名后代中，只有 106 人是合法出生的子女，144 人是乞丐，62 人以上要靠政府救济生活。她的后代中有 181 名女性生活在堕落之中，76 人有犯罪记录，其中 7 人犯了谋杀罪。在短短的 75 年内，这个家族的成员出入救济院、监狱以及教化所至少达五百万余次，总共花掉了政府 125 万美金。

艾萨克·瓦特斯[1] 说话的时候喜欢押韵，他的父亲觉得

---

① 艾萨克·瓦特斯（Isaac Watts, 1674-1748），英国赞美诗之父。

这样的说话方式很烦人，于是决定惩治他一下。结果瓦特斯大声求饶，叫道："求求父亲发发善心，我誓说话不再合辙押韵。"

某位牧师很喜欢夸大其辞，这个坏习惯严重影响了他的工作。后来，他的一位教友规劝其改掉这个习惯，并给予了最严重的警告。牧师听完后，忏悔道："兄弟，很久以前，我就对这个缺点感到痛心疾首，为此还流了两大木桶的眼泪呢。"从此，大家都不再劝这位牧师，因为他已经无可救药了。

人们常常无意识地形成某种讲话或者做事的习惯，并在无意之中造成许多误会和尴尬。菲尔普斯教授在安多福大学上课时，曾让学生玩一个游戏，让他们在说话的时候，将每句话中的形容词的首个辅音交换位置来练习。"后来，他们习惯了这样说话。"菲尔普斯教授说道，"某天早上，我还听到他们当中的一位在带头做弥撒的时候说道：'主啊，请保佑我们这些微弱而软小的罪人吧。'"看来，这位学生已经完全被惯性所控制住了。

很多人在说话的时候，都习惯地配上一些不雅的手势，比如把手放在脸上或下巴上，或者用手不断地捋着胡须，用拇指或食指敲打鼻子等。甚至有一些人可以"用隐形的肥皂搓手，然后再放到隐形的水盆里冲洗干净"。

"人们总不愿意承认自己生活上有一些难以改正的小习惯。"比彻说道，"有人活了四五十岁，如果得不到别人的提醒，还不知道自己平时有什么奇怪的习惯。在这四五十年的岁月里，他能对类似于'鼻子长在脸上'这样的事实视若无睹。"

假如上帝咨询天使，要不要制造人类，并告诉天使自己要造出来的人，只要成功做成了一件事，第二次再做就会轻松很多，而且做的次数越多，就越觉得容易，到最后不费吹灰之力，就可以轻松完成。天使一定会立马说道："造吧。"

习惯是人类的天性之一，利用得好，可以帮助人们提高工作效率。

"让节制成为你的习惯吧，过度放纵只会带来仇恨；让谨慎也成为你的习惯吧，肆意挥霍不亚于最邪恶的犯罪，因为这一切将扭曲孩童甚至成年人的天性。"

成功人士大都认为，坏习惯是导致一个人失败的首要因素。

想要默默无闻、泯然众人，是一件非常容易的事。世界上最为简单的事情莫过于顺流而下、自甘堕落。只要你结交一帮损友，每天一起喝喝啤酒、赌赌博，你也就成功地堕落了。

　　新奥尔良市位于密西西比河水位以下 5～15 英尺①，整座城市全靠防洪堤的保护，才得以免遭河水淹没。在 1883 年 5 月的一天，防洪堤出现了一条小裂缝，刚开始只是涓涓细流从裂缝里流出，如果此时能够发现裂缝，用几袋沙包或者泥包就可以把裂缝堵住。然而，几个小时后，河流便冲破了裂缝，变得无人可挡。我想，即便当时悬赏 50 万美元，也没有人想出挡住河水的办法。这就好比习惯，当截住惯性不让其恶化的时机一过，做什么都于事无补了。因此，不要以为犯点儿小错或者撒点善意的谎言会无伤大雅，其实，在中国有句老话叫做"千里之堤毁于蚁穴"。这就好比古训"勿以善小而不为，勿以恶小而为之"。可见，古往今来，无数先辈为之付出的代价，已经在启示我们：前车之鉴，后来者当做到前事不忘后事之师。

　　拥有丰富人生阅历的老人告诉我们：有四种习惯对人类有益，即守时、严谨、稳重和果断。不守时，是在浪费自己和他人的时间；粗心大意，则容易犯错，最终损害了自己的信誉甚至惹上官司；轻率浮躁，什么事也做不好；犹豫不决，则容易坐失良机。"

　　亚伯拉罕·林肯在练习中获得了清晰精确的表述能力，

---

①　1 英尺 =30.48 厘米

而温德尔·菲利普斯① 则通过不断的思考和交谈，获得了卓越的英语表达能力。

家庭生活对世界的影响是广泛而深远的，因为小孩迟早要长大，要从家里走出并踏入社会、影响社会。他们给社会带来的影响，归根到底，要追溯到家庭生活对他们的影响。

"诚然，在生活中，许多事情都只是琐碎的小事而已。不过，对待这些小事的态度却非常重要。正是在处理这些小事的过程中，我养成了自己独有的从商习惯。即使只是微不足道的工作，我都绝不疏忽大意，从来不允许自己栽倒在一些小问题上。"一位成功的商人总结成功的秘密时，对记者说了一番意味深远的话。

"生活上的不良习惯，就像一棵没有长直的树，你没有办法用蛮力一下子把它扶正，或者一声命令让它乖乖自己伸直腰板。那么应该怎么做呢？你可以在树旁打桩，把两者绑在一起，将树干尽量向伸直的方向拉紧绳索，并把靠木桩一边的树皮剥掉。此后，你每个月再去查看一次，如果发现捆绑树的绳子有所松动，则将其再次绑紧。春来夏去，周而复始，树便会自己慢慢伸直躯干。想要把树扶直，就非得下一

————————

① 温德尔·菲利普斯（Wendell Philips, 1811-1884），美国废奴主义者、演讲家。

两年功夫不可，这绝对不是一朝一夕就能成功的。"

乔治·斯汤顿爵士[①] 在印度的时候，拜访了一名杀人犯。法官既不想剥夺这名杀人犯的生命，又不得不维护政府的权威，于是想出了一种很残酷的刑罚，判决犯人在一张布满尖刺的床上睡足 7 年。床上的铁刺虽然扎人，但不至于刺穿皮肤。斯汤顿爵士在判决实施后的第五年，再次看到了犯人，发现犯人竟舒舒服服地躺在那张布满尖刺的床上，鼾声入耳。犯人的皮肤已经变得跟犀牛皮一样厚硬，犯人说等自己刑期满了，还要睡在这种床上。人类竟然如此容易就适应了罪恶的生活！罪恶就是那张布满尖刺的床，刚开始的时候，犯人躺在上面还能感觉到刺痛，时间一久，便也麻木了。

在建造尼亚加拉瀑布公路、铁路两用吊桥时，摆在人们面前的问题是如何将锻铁索连接到对岸。后来人们想出了一个办法，在风筝上系上一条细绳，再在细绳上系上一条粗点的绳子，然后在粗绳上再系上更粗的绳子，最后再把锻铁索系上。当借助风势将风筝放飞到对岸时，同时也把这些绳子都拉了过去。就这样，这座连接美国和加拿大的桥梁便建成了。

---

① 乔治·斯汤顿爵士（Sir George Staunton，1737-1801），在 18 世纪末受雇于东印度公司。

我们放飞风筝，风筝越过大河，绳子越过大河，铁索越过大河。嗬，原来这一切正是惯性的力量，使得人们成功地建成了大桥。

"到尼亚加拉河泛舟游玩吧，"约翰·B·高夫推荐道，"那里的河水波光粼粼，平稳流畅，美丽可爱。当你沿着河顺流而下，会因这样的旅行感到无比快乐。可是突然，河岸上传来了叫喊声：'喂！年轻人！'年轻人询问：'发生了什么事？'

"'注意着点，下面有急流！''哈哈！我们早就听说过了，我们才不傻，一心想到急流那里做客呢！如果速度太快了，我们就及时刹住，把船开到岸边。兄弟们，不用慌张，不会有危险的。'

"'喂！年轻人！''又怎么了？''下面有湍流！''哈哈！笑吧！尽情享受吧！哪有什么湍流！人生得意须尽欢，莫让快乐空流去！怕什么，我们有的是时间，还不到掉头回去的时候。'

"'喂！年轻人！''又怎么了？''小心！一股急流就在下面！'

"你们已经在急流中央啦，快点跑呀！赶紧打转向盘！掉头跑啊！加油！快点！拼命转吧！转到流鼻血、青筋爆裂也不要停下！把桅杆插好，升帆加速吧！啊！啊！还是来不及了！尖叫吧，哀号吧，咒骂吧，但全都已无济于事了……

"每年都有成千上万的人向急流投怀送抱，不料惯性的力量太大，一旦陷入急流的漩涡才猛然醒悟，仰天大哭：'早知道这样危险，我一定早早就掉转船头！'"

某些犯罪发生后，同社区居住的居民往往感到很震惊。他们昨天还在街上或者商店里看到过罪犯，那时并没有察觉到任何异常。然而，罪犯也绝不是在一天之内突然造就的，一个敢于犯罪的人，过去必然有过类似行为的积累。

某位画家想要画一幅表现天真无邪的作品，于是深入生活，从一个孩子那里得到了灵感。小男孩跪在母亲旁边，毕恭毕敬地合手祈祷，温柔的蓝眼睛里写满了虔诚和宁静。画家很珍爱这幅画，并把它挂到墙上，取名为《天真》。岁月匆匆，画家已经老去，而那幅画依然挂在墙上。画家早就想画一幅主题与之相反的作品——《罪恶》，只是苦于没有机会。后来，他决定前往附近的监狱寻找灵感。在监狱潮湿的地板上，躺着一个手脚带着镣铐、全身脏兮兮的犯人。罪犯形色枯槁、眼神空洞，罪恶明显显现在脸上。画家从中获得了灵感，并很快就把这幅画画了出来，和表现天真无邪的小男孩的作品挂在一起。后来画家发现：这两幅画里的人竟是同一个人。童年时代天真无邪，长大以后却自甘堕落，染上恶习，犯下了罪行！

人们可以借助意志力将思想集中到事物的光明面，从而升华自己的灵魂。恬然自足和乐善好施的习惯，也同样可以培养一个人的品性。

走在船的后甲板上，一开始也许觉得很窄、很拘束，然而一旦习惯了之后，就会像水手一样，到了岸上还缩手缩脚地走路。凯姆斯勋爵说，有一个水手放弃了海上的生活，来到乡下并安家。水手常常怀念过去的日子，于是，他造了一座假山，在山顶上建了一个跟轮船后甲板一模一样的东西，天天到上面走。富兰克林在监管边区防御堡垒的工程时，为了提防印第安人偷袭，他每天晚上都裹着一张毛毯睡在硬邦邦的地板上。等到富兰克林回归正常的生活后，则花了好一段时间才习惯睡在床上。罗斯船长带领船员到极地探险时，天天睡在结冰的雪地或光溜溜的岩石上。后来，他们得到捕鲸船的收容，有吊床可以睡，这反而让他们觉得太奢侈了。最后，罗斯船长用自己的吊床与别人换了张椅子，才得以睡着。

两个喝醉了酒的水兵想自己划船回到舰艇上，但是无论他们怎么划动小船，小船都原地不动。于是，他们互相责怪，都认为对方没有尽力。他们更加使劲地划了一个小时，小船依然没有前进一步。后来，他们渐渐清醒了过来，其中一位往船边瞧了瞧，说道："哎，汤姆，我们还没拉起船锚呢。"很多人就如同这两名水兵，没有拉起船锚，就开始拼命，结果所有的努力都白费了。

"做事不经过大脑思考的年轻人，家人的幸福只能依赖好运的降临。"拉斯金说，"如果说，人的一举一动都为将来设下铺垫，莽撞之人的每次突发奇想，便都是决定其生和死的关键！只有躺在棺材里的人，才会不做任何思考。因此，凡事都要三思而后行。"

詹姆士·佩吉特男爵[1]告诉我们，钢琴家能在1秒内弹奏24个音符。然而，要弹奏出一个音符，大脑就必须向手指发出信号，手指再把信号返回给大脑。每弹奏一个音符，手指都必须完成三个动作：按下琴键，离开琴键，向下一个琴键移动。如此算来，钢琴家在1秒钟内可以完成72个动作，而每一个动作都是经过大脑的控制，按照一定的速度、强度和位置进行的。

有些钢琴家很轻易就做到了，还可以一边弹奏曲目一边进行交谈。这都是经常练习的结果，不断的重复，让弹奏成了第二本能。这就是熟能生巧的奇迹，我们可以利用神经系

---

[1] 詹姆士·佩吉特（Sir James Paget, 1814-1899），英国著名病理学家。

统的特点训练技巧，让大脑在本能的帮助下更好地享受工作的过程。

通过训练，人们可以出于本能似的完成很多事情，大脑就不用太辛苦地工作，而是把一部分任务交给神经系统完成。大自然就是用这种方法帮助大脑摆脱琐碎机械的工作，以专注于更高层次的思考。

形成了许多良好习惯的身体是性能完好的优质品，反之，则是随便拼凑的劣等品。

据说，把恶魔的小孩请进家，恶魔的全家都会跟着来。同样，形成了一个坏习惯，其他坏习惯便也接踵而至。如果一个人总是不注意自己的形象，穿着邋遢，那么，对外表打扮的懒惰就会滋生其他方面的懒惰，到最后，什么坏习惯都更容易入侵了。

有的人从来没想到自己在别人眼里竟是一个骗子，他本无意撒谎成性，但偶尔为了达到某种目的，下意识地撒点小谎，久而久之，便形成了一种条件反射，直至形成生理上的一种习惯。但是，一旦养成这种恶习，想要丢掉就难了，只有时刻有意识地迫使自己说真话才能挣脱这个坏毛病的铁索。不付出超常的努力和拥有过人的意志力，便很难扭转神经和大脑业已形成的习惯。大家都认为正直而诚实的人一旦犯罪，总要引起社会上的一片唏嘘声。其实，只要注意观察这些人平时的行为习惯，就不难发现蕴藏罪恶的端倪。所有专业技能的教授都是根据这个理论来进行的，只要让学生不断地练习，把技能修炼成习惯，滚瓜烂熟后总是能够生出巧来的。

人们总是忽略形成习惯的生理基础。我们每重复练习一个动作，就越能完美地将它演绎出来，并惊喜地发现自己在不断的重复中日趋纯熟，最终和动作融为了一体。

如果不向那些道德堕落的人解释人格是如何形成的话，而一味地让他们发挥意志力，从万丈深渊里面爬出来，就是一件不近人情的行为。今日果，昨日因；今日因，明日果。可惜很多家庭里的母亲和学校，都不重视习惯的力量。研究习惯的形成，可以形成一门学科，相比之下，其他关于教育的学科则显得不是那么重要了。

想要转变的人不知道前路漫漫，一场战争正在等着自己。没有人告诉他，要跟曾经的坏毛病说再见其实需要极大的意志力，过程漫长且痛苦。也没有人告诉他，尽管付出了努力，也有可能会在某个意想不到的时候，一些老毛病又悄悄再犯，等他有所察觉之时，才蓦然醒悟，原来自己又向老毛病屈服了。

一个老兵一手提着牛排、一手拎着一篮鸡蛋走路回家，突然听到有人喊道："立正！"老兵立刻摆出了立正的标准姿势，手上的牛排和鸡蛋全都掉在了地上。老兵对军队的口令已经形成了条件反射，一听到有人喊"立正"，便不自觉地立正起来。

圣保罗① 就深谙习惯的威力，他曾公开讲道："在我的生活里，善恶是并存的。虽然我一心崇善，但看到许多人却在走另一条道路，我的信念又受到了冲击。多么不幸的人生啊！谁能过来把我从死人堆里拉出去？"在古代，曾有过把杀人犯困在受害者尸体中间的习俗，让杀人犯在腐烂尸体的恶臭中窒息而死。

有个堕入法网的罪人说道："如果我拥有世界，我一定要把它献出来，借以换取我心底曾经有过的那份正直和纯良，就连一先令的犯罪都让我感到无法容忍。"

"怎样才能改掉坏习惯？将当初积累的通通扔掉，当初屈服的通通拒绝。一圈又一圈，我们把线卷在了一起，脖子、手腕上缠满了毛线。于是，我们一条线一条线地耐心将结打开，还给了自己一个自由。就像拆房子，一块砖头一块砖头地，把用辛苦堆砌而成的房子铲成了平地。"

---

① 圣保罗（Saint Paulo, 3-67），亚伯拉罕后裔，《圣经》中的人物。

第五章

Trifles

不要忽略细节

一句无心的话，足以改变许多国家的命运。

——温德尔·菲利普斯[①]

抽去一根线，坏了一张网；弄坏一个琴键，弹错了一首曲子。

——惠蒂尔[②]

---

① 温德尔·菲利普斯（Wendell Philips, 1861–1953），美国联邦法官。

② 惠蒂尔（John Greenleaf Whittier, 1807–1892），美国诗人。

"多一点耐心，阳光便洒进房间；多一点爱，幸福便走进家庭；多一点希望，雨天也一样快乐；多一点善心，即使一路艰辛，也有感动相伴。"

《旧金山邮报》报道过这样一件事：为了查对账目，某批发商行的记账员经过三个星期的不眠之夜，反复核查，得出的结果依然是少了 900 元。这位记账员算了又算，神经都快崩溃了，结果还是一样。

记账员的精神状态濒临崩溃，后来，商行的经理帮他一起核对，才坚定了他的信心。然而，再次对账，结果仍然是少了 900 元。

商行老板也被请了过来，与他们一起对账。没过多久，老板就发现了问题。

"这里应该是 1000 元啊,怎么写成了 1900 元呢?"老板问道。

仔细检查后,三人发现原来曾用账簿打过苍蝇,苍蝇的一只脚粘在了其中一页纸上,正好把"1000"百位上的 0 变成了 9。

据说,亨利·维克制造出世界上第一架能够准确记录时间的钟后,把它献给了法国的查尔斯五世。这位法国国王拿到钟后,仔细端详了一番,说道:"钟走得很精准,只可惜钟面上的数字错了。"

"并没有错啊,陛下。"维克回答说。

"就是错了,'4'应该要写成 4 个'I'。"

"并不是那样写的,陛下。"制钟人争辩道。

"4 个'I'才是正确的写法。"国王坚持道。

"陛下,是您弄错了。"

"我怎么会犯错误?"国王顿时雷霆大发,喝道:"拿回去,把错误改过来!"

于是,制钟人按照国王的说法做了修改。从此,时钟上的 4 都不写作"Ⅳ",而是写成了由 4 个"I"组成的字母。

在普利茅斯殖民地开拓后的第四年年底,新英格兰的人口才只有180人。他们本想从殖民地捞上一笔，却失望了。他们不仅在那里花掉了34000块钱，而且没有得到任何回报，连得到回报的迹象都没有。直到1627年11月，普利茅斯殖民地的8名长官，用9000块钱从伦敦人那里，买断了普利茅斯的所有权。事实证明，这一做法对整个美国的影响非常深远。

当还是小男孩的詹姆斯·瓦特① 坐在炉边等着吃饭时，烧开的水壶上喷出的蒸汽，为他开启了一扇大门，也影响了整个世界。如果蒸汽无法推动火车、轮船等前进，火和水发生作用时不产生蒸汽，那么，成千上万的工业生产将无法进行下去，依靠蒸汽推动的车轮、转轴以及轴心都将停止运作，世界上所有制造业发出的喧闹声都将平静下来，成千上万的老百姓也会丢掉工作，陷于绝境，走向饥饿和死亡。

很少有人知道，通常情况下，伟大的事业都是由一点点的琐碎小事堆积而成的。突发事件和重大事件都不常发生，我们每天面对的大多是琐琐碎碎、普普通通的日常工作，而正是这些看似不重要的小事，汇成了一条奔流不息的河流，

---

① 詹姆斯·瓦特（James Watt，1736-1829），英国著名发明家，改进了蒸汽机。

塑造了我们的人生。

伟大的赫姆霍尔兹① 立志研究伤寒，从此，他每天足不出户。他花钱买了显微镜，就此踏入了科学领域，并且取得了非凡的成就。

一张俊俏的脸蛋和一个迷人的微笑，使特洛伊城陷入了长达十年的战争。同时，也激发了荷马② 的灵感，促使他写下人类迄今为止最伟大的史诗。

睿智的国王用"摩德纳之桶③ "形容战争的开始。公元1005 年，摩德纳共和国的士兵将公共水井旁属于博洛尼亚的水桶偷了出去，虽然水桶不值一个先令，却引发了严重的争吵，最终导致了一场持续 20 年之久的战争。

克里米亚战争将英国、法国、土耳其和沙俄这四大强国都卷了进去，并夺去了无数人的生命，造成了巨额的经济损失。然而，这场战争的导火索却是一把钥匙。希腊东正教会占领了耶路撒冷的一座圣墓教堂，封锁了教堂的神庙，并拒绝交出钥匙、让出圣地的管辖权。此举激怒了罗马天主教

---

① 赫姆霍尔兹（Hermann Ludwig Ferdinand von Helmholtz, 1821-1894），德国物理学家、数学家、生理学家、心理学家。

② 荷马，古希腊盲诗人，著有长篇叙事史诗《伊利亚特》《奥德赛》。

③ 摩德纳（Modena）和博洛尼亚（Bologna），意大利城市。

会，双方的矛盾日益激化。正当二者的矛盾处于白热化状态时，沙俄插了进来，并支持东正教。与此同时，法国支持天主教。于是，矛盾再次升级。后来，沙俄要求土耳其对圣地教堂进行修葺、整改，遭到了土耳其的拒绝。然而，英国一直以来都站在土耳其这边，与法国结成联盟对付沙俄。因此，战争就因这种无聊小事爆发了。英国一个"六百人"的军团付出了惨重的代价，接着，马拉考夫战役致使数千人牺牲在塞瓦斯托波尔的战壕里。同样，许多其他的战役也上演了一次又一次的屠杀。

因为一杯酒，法国的历史发生了翻天覆地的变化，一个强大的王朝就此覆灭。奥尔良公爵、国王路易斯·菲利普之子，在与朋友共进早餐时，禁不住诱惑，喝了很多酒。早餐结束后，公爵乘坐马车回去。没承想，马受了惊吓，将公爵从车上甩了下去。失去平衡的公爵，一头撞在了地上，头部严重受伤，抢救无效，不久便一命呜呼了。如果他当时没有贪杯，马车晃动时兴许还能够稳住自己，不会摔下马车。即便他没能坐稳，至少也能在摔下车时双脚着地。但是，就因为他多喝了几杯酒，导致一个王国失去了继承人，整个王室家族也遭到了流放，全部财产充了公。

半个世纪以前，某位旅客途径北英格兰一个小国，在一家旅馆歇脚。这时，邮差给旅馆老板娘送来一封信，老板娘拿起信仔细地查看了一番，便交回给送信人，表示自己没钱，无法负担两先令的邮费。见到此景，这位旅客坚持帮老板娘垫付了邮资。邮差走后，老板娘才承认，信封里其实什么也没有。她和她的兄弟因为住得远，很难知道对方的状况，才想出了这么一个办法，在信封上做特殊标记，表示生活过得是好还是不好。这位旅客便是国会议员罗兰德·希尔，他从这件事上听到了人们对降低邮资的呼声。几个星期后，他向下议院提出建议，要求降低邮局的收费。从此，一个较低邮资的邮寄系统应运而生。

格兰特将军之所以去读西点军校，源于他母亲让他到邻居家借黄油这件小事。在邻居家里，他碰巧看到一封西点军校招生的信件，于是报了名，并被录取。在西点军校，他受到了良好的军事教育，这使得他在国家危难的时刻能够挺身而出，并发挥了重大作用。他自己认为，如果不是碰巧家里没了黄油，他母亲也不会让他到邻居家去借，他也就不会成为将军和总统了。

美国第一位总统华盛顿出生在颠簸的马车上；一位矿工在掘井时犯下了一个错误，却发现了赫丘莱尼厄姆镇；航海探险队误打误撞，却让马德拉群岛为世人所知。

　　一位芝加哥男孩，在削苹果时，不小心割伤了手指，10天后因破伤风不治身亡。在费城，一人从床上跳到地板上时，不幸一脚踩到了钉子，刺穿了脚底，一个星期后，不幸死亡。

　　在所有最致命的疾病中，败血病是其中一种，但引发败血病的原因却可以小得让人咋舌。某人在折纸时，不小心被纸边划破了手指，却因此得了败血病，不治身亡；一个喜欢咬指甲的人，不小心咬伤了指甲上的活肉，两个星期后也命赴黄泉了。

　　在纽约，某位先生的眼里进了一粒很小的沙子。起初，他没有在意，过了很长一段时间，才想起去看医生。但是，医生已经无能为力了。很快，这位先生半边脸便整个浮肿了，还感染了丹毒，不到一个星期就一命呜呼了。在英格兰，有一位年近中年的男子，为了讨好年轻的未婚妻，将自己为数不多的白头发一根根地拔掉，拔完后男子感觉头皮有一点发炎，却没放在心上，直到第二天炎症加重，才去看医生，然而，已经到了无力回天的地步。医生用尽了一身的本领，也只能帮他多活了一个星期。英格兰的爱丽丝公主，在孩子患白喉期间，禁不住孩子的哀求，亲吻了他一下，结果搭上了自己的性命。

写"i"的时候，千万不要忘记点上一点；写"t"的时候，也不要忘记画上一横。否则，你损失的将不止是钱财。有时，因为某人忘记关门或者关开关，就有可能置一整片区域的房子于熊熊烈火之中。这时候，损失的岂止是财产，成千上万的穷苦百姓都会因此流离失所。

在匈牙利的 Nemethi 村庄，一个小孩玩火柴的时候，不慎引发了火灾，整个村 232 栋房子顷刻烧毁，全村人因此一无所有。

"小错容易铸成大错。"

也许，列车长或列车司机在检查火车时，没有发现有一根弹簧断裂了，只因这一时疏忽，两分钟后，铁轨上的两辆特快列车便可怕地撞到了一起。如此细小的一根弹簧，竟是一起震撼世界交通事故的罪魁祸首！因为没有人注意它，它就拆散了几十个原本幸福美满的家庭，让一家人从此阴阳两隔。痛失了亲人和家人，而依然活着的人们，仍要继续自己的人生旅程。只不过，这一次他们要独自上路，带着隐隐的伤痛。

小事不容忽视。有时，防微杜渐胜于在问题出现后再控制解决。

"一万次的尝试加上一万次的失败，才能造就出一次成功。"

然而，粗心大意先生和马大哈小姐却总以为伟大之人都是由伟大之事业造就而成的。殊不知，眼高手低、自觉凌驾于小事之上的人，永远不可能获得任何成功。

以邮寄的方式送达法律文书，邮寄方必须先预付邮资，这样送达才算合法。百老汇某著名公司要给被告方律师邮递控诉和传唤文书，然而，负责邮寄的杂役只贴了两美分的邮票。被告律师在收到文书后不得不再付两美分，同时控告该公司没有依法送达法律文书。

原告律师立即做出了回应，认为原告不存在疏怠职责行为，因而不需进行开庭审理。经过良久的讨论后，形成了几份长篇报告，最终还是决定重审案件，并判罚原告 30 美元的罚金。

一个小勤杂工少贴了两美分邮票，由于他的疏忽，引发了一场长达两个小时的法庭辩论，并产生了 30 美元的罚金以及双方律师的律师费。

查尔斯·狄更斯① 在《一年四季》中写道："曾有人问一个人，天才是怎样炼成的，这人回答说'是在做好每一件小事中炼就而成的天才'。"

亨德尔② 创作了一段无与伦比的和弦，其灵感竟来源于打铁匠打铁时发出来的声音。

荷兰某眼镜制造师的孩子在跟兄弟姐妹玩耍时，无意间透过两片重叠的镜片，惊奇地发现教堂的尖塔近在眼前。所有的孩子都凑了过来，都觉得不可思议，并叫来父亲瞧瞧他们的新发现。眼镜制造师也大为吃惊，随即产生了一个想法，可以利用这个原理为老人制造老花眼镜。于是，他咨询了伽利略。伽利略立即看出这个发现的天文价值，并根据这个原理制造出最简易、最原始的天文望远镜。尽管望远镜的直径只有三英尺，但是设计精巧，足以观测到很多天文现象。因为制作了这个望远镜，伽利略取得了举世瞩目的成就，直到现在，一直让很多现代的天文学家都无法超越。

---

① 查尔斯·狄更斯（Charles Dickens，1812-1870），英国批判现实主义文学家。

② 亨德尔（George Frideric Handel，1685-1759），德国音乐家。

一天，在匹兹堡的人行道上，走过来一位跛腿老人。由于地面太滑，老人摔了一跤，老人戴的帽子顺着人行道滚至一个男孩的脚下。然而，这个男孩却一脚把帽子踢到了街上。另一男孩见状，马上过去扶起老人，帮他捡回帽子，并将老人护送回旅馆。老人向男孩道了谢，并问得他的名字。一个月后，扶起老人的那个男孩收到了一张一千元的汇票，这是老人为了感谢男孩的帮助而赠送的。

一句友善的话语，看似微不足道，却能帮助绝望的人重见希望，解救他们的灵魂。

这是一个发生在公理会的真实故事。一群身份卑微的女孩，向盖尔女士表达了她们的感激之情，感谢她为她们所做的一切。其中一个女孩说道："盖尔先生出门前，您递给他帽子，他便给您鞠了一躬，还温和地说道：'谢谢你，亲爱的！'盖尔女士，我们谁也没有听过男人对女人说'亲爱的'。"

于是，女孩们决定向盖尔先生学习。"我想先从我父亲开始。他下班回家后，问我'晚饭做好了吗？'我回答道'做好了，亲爱的父亲'。父亲只是看着我，没说什么，但我知道他心里很高兴。可是，盖尔女士，我父亲很爱我母亲，也对母亲很好，但我从来没有听到他对母亲说过'亲爱的'。然后，我又在杰克、我的弟弟身上试验这三个字，结果他也很高兴，还问我：'姐姐怎么变温柔了？'汤姆和我已经交往了两年，他问我一些事情，我回答道：'好的，亲爱的。'我的这一举动把他高兴坏了，以后我们俩都那样称呼对方。"说完，女孩幸福地嘘了一口气。

某人有幸亲临著名雕塑家卡诺瓦[①] 的工作现场。当时，卡诺瓦正在完成他的又一伟大之作。此人看到卡诺瓦使用一把小木槌在雕刻，便以为他只是在随便玩耍。然而，这位伟大的雕塑家说："你别以为它们不起眼，就小觑它们。要知道，最终出来的作品是大师的杰作，还是粗制滥造的赝品，关键就在这些小东西身上。"

在着手雕刻举世闻名的《拿破仑》时，卡诺瓦花巨资从派洛斯岛运来一块上好的大理石。然而，一条细小的红线贯穿了整块石头。细心的卡诺瓦发现后，就不再用这块石头进行雕刻了。

有人做过这样的统计，如果经过一年的生长后，1粒大麦能结出50粒种子，那么，十二年后，便能收获

---

① 卡诺瓦（Antonio Canova，1757-1822），意大利雕塑家。

244,140,625,000,000,000,000,000 粒，足够让全世界的人吃好几个世纪。

太阳的直径长达 886,000 英里，但如果从一个遥远的星球上用天文望远镜看太阳，只需一根细丝线就能把它挡住。

第六章

Courage

拿出勇气来

只要是男子汉应当做的事我都敢做，而且没人比我做得更多。

——莎士比亚

勇敢无畏之人，会最先到达顶峰。

——莎士比亚

勇气是成功之母。

——比肯斯·菲尔德

失去勇气的人，也将失去一切。

——歌德

只有一件事我不敢做，那就是卑鄙无耻的事。

——詹姆斯·A·加菲尔德[①]

人类是日常战斗中不折不扣的勇士。在我们周围，有很多不为人知的小人物每天都在顽强地、一点一滴地击退心中的邪恶欲望。世界无时无刻不在上演一场又一场的伟大胜利，没有人看到，也没有人知道，更没有热闹喧腾的胜利号角。人生就是一场场搏斗，不幸、孤立、放纵、贫穷等都是

---

① 詹姆斯·A·加菲尔德（James Abram Garfield，1831–1881），美国政治家、数学家。

我们要战胜的敌人。

　　　　　　　　——维克多·雨果①

　　选择了真理，并与之同甘共苦，是高尚的行为；不论真理带来的是地狱之火，还是利益和好处，我们都将义无反顾。

　　　　　　　　——洛厄尔②

---

① 维克多·雨果（Victor Hugo，1802-1885），法国浪漫主义作家。

② 洛厄尔（Percival Lowell，1855-1916），美国天文学家。

　　威灵顿公爵的副官 L 上尉听闻拿破仑从厄尔巴岛逃离出来，重返法国，便焦急地问医生："我还能活多久？"

　　医生回答道："虽然你的肺病已经到了晚期，但是你还有几个月的生命。"

　　"只有几个月！"L 上尉惊呼道，"那我宁愿死在战场上，也不要死在床上！"于是，这位上尉重返军团参加了滑铁卢战役，并因此而受了重伤。一件意想不到的事情就此发生了：这位上尉在战斗中伤了肺部，为了活下去，医生给上尉切除了这部分受伤的肺，然而这部分肺正好是上尉已经患了晚期肺病的那部分，结果，这位上尉多活了好些年。

　　查尔斯十二世在向大臣们口授一封信时，斯特拉尔松市遭到了敌人的包围，一枚炸弹投到了国王的住处，将房顶炸得飞了起来，碎片还落进了国王的书房。面对这惊险的一幕，大臣们被吓得颤抖不已，手中的笔也掉到了地上。"怎么回事？"国王冷静地问道。这时，一位大臣吞吞吐吐地说道："炸……炸……炸弹……陛……陛下。"没想到这位国王镇定地说："你继续写！炸弹跟你写信有什么关系？"

普鲁士的齐德里茨将军因为勇敢而扬名，而当齐德里茨还只是一名中尉时，眼光独到的弗雷德里克就看出了他的英雄本性。一天，齐德里茨陪同国王侦查敌情，国王突然对这个年轻士兵问道："如果此时桥的两头都是敌人，你会怎样做？""我会跳河逃生。"说完，齐德里茨翻身一跃，越过桥的栏杆，从马背上跳入了奥德河，接着安全地游到了对岸。于是，国王龙颜大悦，将齐德里茨封为了少校。

冯·毛奇[1] 将军也是一位勇敢无畏的人。当年，他还只是一名年轻军官时，便敢于向德国天主教会提出自创的前线防御体系和以制服区分国别、重组军队的计划。当提议遭到否决后，毛奇将军并不因此屈服，反而放出话来，声称道："你们不实行我的计划，我们普鲁士士兵自己实行。"

在洛迪战役中，拉纳第一个冲过了洛迪桥，拿破仑随之

①　冯·毛奇（Helmuth Karl Bernhard von Moltke，1800-1891），德国著名军事家。

第六章
Courage
拿出勇气来

而上。拉纳毫不畏惧，以一当十，从奥军手上抢下旗帜。在
战斗中，拉纳的战马死后，他便跳上了敌方军官的马背，从
身后将其刺死，接着抢占了他的坐骑，继续刺杀了六个敌
人。拉纳只身杀入敌阵，平安归来后，便得到了晋升。

出于道义上的勇气，乔治·斯蒂芬森[①] 竟冒着生命危
险，亲自下矿测试自己为矿工设计的安全灯。为了准确地检
验安全灯的性能，斯蒂芬森不顾朋友们的劝阻，亲自下矿，
并要求前往最为危险的矿井。当得知某坑道的瓦斯浓度最高
后，斯蒂芬森便马上带着自主设计的安全灯，不顾一切地钻
了进去。然而，在当时，其他矿工都不敢随同，退到了安全
区域。

斯蒂芬森继续前进，等待他的也许会是死亡，也许是更
糟糕的失败。然而，他的心并没有因此退缩，他的手也没有
因此而颤抖。当他到达瓦斯浓度最高的采区时，他只是静静
地伸出安全灯，将之曝露在充满易爆物质的空气中。斯蒂芬
森耐心地等待着，只见安全灯里的火焰突然蹿高，很快又减
弱了，接着慢慢熄灭。充斥着瓦斯气体的空气静止不动，没
有发生爆炸，这时，斯蒂芬森知道，自己获得了成功。斯蒂

[①] 乔治·斯蒂芬森（George Stephenson，1781-1848），英国发明家，
发明了世上第一辆火车。

芬森发明了绝对安全的照明矿灯，不用担心瓦斯浓度高时会引发爆炸。换句话说，斯蒂芬森的发明，给成百上万的矿工送去了安全的保障。

于是，世界上"第一盏实用矿灯"由此诞生。

另一个为了他人不顾自身安全的英雄名叫约翰·梅纳德，他是伊利湖上的操舵手。在轮船着火时，梅纳德没有逃离火势最为凶猛的驾驶室，反而紧紧抓住方向盘，在其将船上的乘客安全送抵港口、拯救了船上众多的生命后，自己却活活地被大火吞噬。

读过《橄榄球学校的汤姆·布朗》的年轻读者，一定还记得书中描述的这群学生在第一天住进宿舍的情景。乔治·亚瑟是个瘦弱的年轻人，第一次离开家，跟一群强壮结实的小伙子一起寄宿到了橄榄球学校。当他得知自己与汤姆同住在一间宿舍后，便决定与他一起回宿舍休息。除了乔治，没人有着跪在地上做祷告的习惯。小伙子们说说笑笑，慢悠悠地更衣睡觉。想家的亚瑟小声地问自己是否可以做祷告，汤姆则说"当然可以"，然后继续和其他室友说笑聊天。得到允许的亚瑟于是跪在了床边，像在家里一样做起了祷告。突然，不知谁打亮了灯，男孩们再次吵闹起来。对亚瑟来说，这是一个考验的时刻，因为有人向他扔了一只拖鞋。

汤姆目睹了事情的过程，并捍卫了亚瑟的尊严。只见汤姆也随即脱下了一只靴子，向欺负亚瑟的人扔去，并挑衅地说道："还有谁想试试被扔鞋的滋味？"多亏有汤姆勇敢地站了出来，替亚瑟捍卫尊严，要不当时的亚瑟真不晓得自己有多难堪或者该如何面对。从此，亚瑟在橄榄球学校的日子，总算好过了一些。

女人常常能够激发男人的勇气，并奖励他们的勇敢行为。有位斯巴特人的母亲对埋怨剑太短的儿子说道："剑不够长，你就再向前迈进一步。"另一位斯巴特人的母亲则对将要上战场的儿子说道："你必须奋战到底，不做逃兵。"战争将近结束时，两位母亲见面了，其中一位说："我宁愿自己的丈夫英勇战死，让自己成为寡妇，也不愿做懦夫的妻子。"

在苏格兰，两名不愿意信仰异教的妇女被判处了死刑。她们被绑在了柱子上，一个在高处一个在低处，年老的女人先被淹死，刽子手想以此恐吓女孩，让她因为害怕而屈服。然而，尽管年老的女人死得很惨，女孩并不为所动，反而引吭高歌。这时，刽子手给予她活命的第二次机会，但是她却拒绝了，最终被无情地淹死。

"人群中，女人在哭喊，撕心裂肺。屈服吧，我的孩子，屈服吧，他们要把你淹死，快说你发誓信仰他们的宗教……潮水越涨越高，人群害怕地往后退，寂静无声。女孩唱起了圣歌：主啊，我愿为你付出生命。这时，潮水淹没了她的腰身，她继续唱道：主啊，我愿为你奉献灵魂。这时，潮水淹没了她的脖子，她无法再唱，便抬起了脸蛋，于是，天空光芒万丈，大海也焕发出神圣的光辉。最后一波，光荣的浪潮，淹没了女孩的脸蛋，女孩消失在了海浪中，苏格兰又给上帝送去了一位勇敢的殉教者……"

帕里西[①] 生命中的最后四年是在监狱里度过的。当时，亨利三世听信了吉斯公爵一伙人的逸言，颁布了法令，将要处死全部的新教徒。于是，帕里西被捕入狱，亨利三世到巴士底狱探望帕里西时，想再次劝帕里西放弃新教。国王说，如果帕里西和另外两名同监狱的女孩不宣布改变信仰的话，就要对他们处以极刑。然而，帕里西回应道："陛下，您好几次都来劝告我，对我表示遗憾，说您是不得不杀我的。这不是国王应该说的话呀，我也对此感到遗憾。等这两位女孩同我一起到了天堂，让我们教你怎样像个国王一样讲话吧。吉斯和他的追随者，还有陛下您和您的人民，是不可能让一

----

① 帕里西（Bernard Palissy，1510-1589），法国陶艺家，因花了 16 年研究中国陶瓷而闻名。

个陶艺匠屈服于用泥土塑造出来的虚幻偶像的。"

并非所有的勇气都是英雄式的，也并非所有的勇气都要与惊天动地、鬼哭狼嚎的事情联系在一起。其实，绝大多数的勇气都体现在许多小事情上。有坚持诚信的勇气，抵抗诱惑的勇气，说出真相的勇气，本真做人的勇气，这便是生活中无处不在的勇气。世界其实更加需要这些勇气，能够让人活出自我，不假装成别人而活，这些也不失为一种勇气。

世界上的许多痛苦和罪恶，正是由软弱和优柔寡断造成的，两者其实都是勇气不足的表现。

在房间门前写下这句古老的至理名言："大胆些！不要怕！"就像比照朗费罗这面镜子，默念："勇敢些，但不要鲁莽。"

第七章

Self-Control

控制自己的脾气

我要成为自己的主人。

——歌德[1]

欲驭人，先驭己。

——马辛杰[2]

只有保持理智，你才能指挥军队。

——圣·贾斯特[3]

真正的荣耀属于那些善于自制的人；如果一个人连自己都控制不好，即使取得胜利，也只是一个奴隶。

——汤姆森[4]

人格有两个力量源泉：一是意志力，二是自制力。没有意志力，便没有人格之说；而没有自制力，力量便得不到控制。

——F.W.·罗伯逊[5]

读者朋友们，无论你的灵魂高高翱翔天穹，抑或深深埋

---

[1] 歌德（Johann Wolfgang von Goethe, 1749—1832），德国剧作家、诗人。

[2] 马辛杰（Philip Massinger, 1583-1640），英国剧作家。

[3] 圣·贾斯特（St. Just, 1767-1794），法国军事家。

[4] 汤姆森（Joseph John Thomson, 1856-1940），英国物理学家。

[5] 罗伯逊（Frederick William Robertson, 1816-1853），英国牧师。

藏于黑暗的地洞，至少你该知道，谨小慎微，不越雷池，才是智慧的根本。

——彭斯[1]

一句鲁莽的话就能破坏幸福的家庭，甚至影响邻里和睦与国家安康。有一半的官司和战争都是舌头惹的祸。

——詹姆斯·博尔顿[2]

"最后箴言"是最危险的地雷，夫妻之间吵架谁也不想先碰到它，就像不想抢到已经点燃的炸弹。

——道格拉斯·杰罗尔德[3]

我需要一个从小就接受训练，有强大的意志力，可以随意支配身体，像一台机器一样轻松愉快地工作，并且思维清晰、逻辑严密、做事井井有条，像蒸汽机一样随时待命，既能纺出轻薄纱绸，又能锻造巨大船锚的年轻人。

——赫胥黎[4]

严格按照教义要求生活的人，也许已经不存在这个世界

---

[1] 彭斯（Robert Burns，1759-1796），英国诗人。

[2] 詹姆斯·博尔顿（James Bolton，1735-1799），英国博物学家。

[3] 道格拉斯·杰罗尔德（Douglas William Jerrold，1803-1857），英国剧作家。

[4] 赫胥黎（Thomas Henry Huxley，1825-1895），英国著名博物学家。

上了。教育别人怎样做，是一件非常容易的事情，但要自己也做到如此，却难上加难。

——莎士比亚

如果世上只有大罪的诱惑，相信大多数人都不会变坏。然而，人们每天要抵抗的都是一些小错小罪，一不留神，小错便铸成了大错。

——里克特[1]

---

[1] 里克特(Henry Constantine Richter, 1821-1902)，英国动物学作家。

拉斯伯夫人问丈夫："你是否觉得女人不应该有脾气？"

丈夫回答道："当然不是，女人有点脾气才好，至少她不需要特意去压抑。"

利文斯通① 的母亲和拜伦② 的母亲都赋予了她们的儿子"最闪亮的宝石"：一个是性格温和、虔诚的基督教徒，一生几乎没有犯过任何错误；另一个则性格火爆，热烈奔放，创作出了不朽的诗作。

没有人天生就是好脾气，不需要多加注意和控制；也没人天生就是坏脾气，只要加以适当的控制，就能让别人喜欢自己。

---

① 利文斯通（David Livingstone，1813-1873），苏格兰传教士。

② 拜伦（George Gordon Byron，1788-1824），英国浪漫主义诗人。

医学权威表示，过度劳累、在阴冷潮湿的地方生活工作，缺少足够健康的食物以及懒惰、纵欲等，都能够危害人类的健康，但这些伤害都赶不上过度强烈、无法控制的情感冲动所带来的伤害。无论男女，只要能够控制住自己的情感，通常都可以平安步入老年期，而那些喜怒无常、不能控制情绪的人，却很少能够长寿。

索尔顿的名流弗莱彻先生[1] 脾气相当暴躁，他的管家想辞职另觅工作，弗莱彻温言劝他留下来继续工作。管家解释道："可是先生，我无法忍受您的脾气。"弗莱彻说："我承认我容易生气，但是我的脾气来得快去得也快啊。""确实如此，"管家赞同道，"不过，去得是快了，回来得也很快。"

在马赛，杜蒙听米拉博[2] 作报告时，看到台下的人骂声不断——"诽谤！骗子！杀人凶手！混球！"于是，米拉博不得不暂停报告，强忍着怒火，用讽刺的甜腻声调说道："先生们，等你们骂累了，懂得什么是基本礼貌时，我再继续说。"

马修·亨利说："我听说有一对性格同样火爆的夫妻，

---

[1]　弗莱彻（Andrew Fletcher Of Saltoun, 1653-1716），苏格兰作家、政治家。

[2]　米拉博（Mirabeau, 1754-1792），法国政治家。

结婚后竟能和睦相处。他们的方法是彼此规定，只要有一方生气，另一方就绝对不能也跟着生气。"

"我是来自地狱的使者，"一个怪人闯进了威灵顿公爵的图书室，宣扬道，"我的使命就是要杀死你，带你下地狱。"

"杀我？有意思。"威灵顿公爵幽默地说。

"我是地狱使者，必须把你就地正法。"

"必须是今天吗？"

"那不一定，但我必须完成我的使命。"

"那好，"威灵顿公爵说道，"不过我现在很忙，要写很多信，你下次再来。你下次来之前，请先给我留个便条，让我准备准备。"威灵顿公爵说完，又继续写自己的信了。这个怪人被震住了，他无法想象眼前的这位老人居然可以如此冷静，甚至不为所动。于是，这个怪人慢慢地退出了威灵顿公爵的房间。

苏格拉底一旦发现自己有要发火的倾向，马上就把音量放低。当我们意识到自己的情绪过于高亢时，也可以如法炮制，赶紧把嘴巴闭上，以免助长情绪的恶化。很多人就是没能控制住自己的情绪，在气愤中死去。要知道，生气是导致疾病发生的导火索。

"在与人争辩时，应尽量保持冷静。"乔治·赫伯特[1]说，"情绪越激动，就越容易犯错，即使你说的全是真理，真理也会在你的无礼鲁莽中变成歪理。"

有个人向其朋友请教道："你是怎样做到远离所有争吵的？"朋友回答道："喔，那还不简单。只要有人生我气了，想要跟我争吵，我就让他自己跟自己吵去。"

年轻有为的英国国王亨利五世[2] 曾经住在牛津大学皇后学院的一间房里，他在房间的窗上刻了这么一句话："VICTOR HOSTIUM ET SUI.[3] "即"住在这里的人，是征服了敌人也征服了自己的英雄"。亨利五世在阿金库尔战役中重创敌人，而他战胜自己的斗争则更为艰辛。

比肯斯菲尔德在被问及如何获取皇后的喜爱时，他回答道："我从来不反驳皇后的话，有时还会假装忘记。"

一个政坛新人在获得其所在党的提名后，便经别人的介绍找了一位经验丰富的老前辈取经，学习赢得选票的方法。

老前辈倾囊相授，并要求来者承诺："如果被我发现你

---

[1]　乔治·赫伯特（George Herbert，1593-1633），英国威尔士诗人、雄辩家、牧师。

[2]　亨利五世（1387-1422），英格兰兰开斯特王朝国王，在他统治期间，取得了辉煌的军事成就。

[3]　拉丁语：Master of Our Enemies and Oneself.

一旦没有按照我所说的做，那么，我会一次罚你五块钱。"

候选人点头道："好的。"

"那么，你想什么时候开始？"老前辈问道。

"就从现在开始。"

"非常好。我要教给你的第一课，就是对诽谤自己的话语保持冷静，要时时刻刻警惕自己情绪激动。"

"噢，这个容易。我不介意别人怎样说我，他们爱说什么就说什么。"

"非常好。这是第一条。毕竟，老实说吧，既然你已经获得了提名，我希望你不要再表现得像毫无原则的流氓一样。"

"先生，你怎敢……"候选人生气地说道。

"请给我五块钱。"

"噢！你在试探我吧？"

"是的，但我说的也是真心话。"

"你怎么可以这样无礼！"候选人因自己受到试探而更加地生气了。

"请再给我五块钱。"

"噢！啊！"候选人恍然大悟，"您又给我上了一课。这么快，我就丢掉了十美元。"

"对，十美元了。你可以现在就给我吗？根据你负债累累的名声，我怕你赖我的账。"

"你这个挨千刀的！"候选人怒不可遏。

"请再给我五块钱。"老前辈平淡地说道。

"啊！又上当了。看来我的自制力还不够好。"

"我收回刚才说的全部话，当然，我也不是真那样想的。相反，我认为你非常值得尊重，尤其是我得知你出身低贱，还有一个无耻下流的父亲后。"

"你才是无耻之徒！"候选人咆哮道。

"五块钱。"老前辈平静地说道。

……

候选人的第一堂课是自制，而他也为此付出了昂贵的学费。

这时，老前辈说道："不要想着你因为没有控制好脾气而丢掉了多少钱，你要想着那是丢掉了一张选票。如果你不能冷静地处理每一句诽谤自己的话，你将输去的选票可绝对不是自己银行里的那点存款。"

在对待孩子的教育问题上，我们应当从小就教育孩子要学会耐心。只有对任何事情都处之泰然，不轻易动火的人，才能保持身体的谐调与健康，从而远离疾病。孩子们应该要懂得，坦荡的生活，善良以及开朗的心，比任何医生或药剂师都要管用。道德败坏、心术不正的人，思想遭到了毒害，邪恶便乘虚而入，在扰乱其精神的同时，也打乱了身体的谐调，从而引发了潜伏在身体的疾病因子，或者降低了人的抵抗力。

生气对人的损伤很大，如果控制不住脾气，无论男女，健康都将受损。

养成良好自控能力的人，将享受多么平和美好的心境啊！在此心境下，我们不用担心自己会情绪失控。如果一个人能够压制住突如其来的强烈情绪，从而不置一言，或者以幽默自嘲，那么，他便真正达到安然若素的境界。相反，如果他总是在发泄过后悔恨不已，为自己的情绪失控和出言不逊而感到羞耻。这类人容易暴躁，一触即发，常常引发纷争，足以切断整个人类机器运转的链条。

"华盛顿是我所见过最优秀的总统。"阿蒂默斯·沃德[1]说道，"他冷静，热心，而且稳重，从来没有情绪失控过！很多公众人物都有急躁的毛病，他们赶鸭子上架，急功近利。他们看到马就跨上去，也不管是不是好马，马鞍有没

---

[1] 阿蒂默斯·沃德（Artemus Ward，1834-1867），美国幽默作家，真名查尔斯·法勒·布朗（Charles Farrar Browne）。

有装好，马是瘸是瞎，还是年老体衰。不过很快，他们就会从马上摔到地上。他们以为老百姓愚昧无知，用花言巧语就可以蒙骗过关，而不是思考怎样办好实事，真正让老百姓满意。他们不知道水能载舟亦能覆舟的道理，而华盛顿总统则从来不浮夸冒进，因为这不是他办事的风格。"

宾夕法尼亚州的切斯特市住着一位商人，他的耐心闻名遐迩。一天，某君决定去试试这个商人是否像传闻所说的那样"具有好脾气"。于是，他故意到商人的店铺里挑三拣四，看了六七种不同颜色和样式的布料后，才找到意欲购买的那种款式。"就是这款了，我要1美分大小的，给我剪来。"店主竟然没有生气，反而耐心地拿出一枚硬币，剪下刚刚可以覆盖这枚硬币的布料，用纸包起来，交给了眼前这位满脸愧色的顾客。

约翰·亨德森在同一位牛津大学的学生讨论问题时，没想到学生生气了，把一杯酒泼到了亨德森的脸上。亨德森只是默默地把酒擦掉，然后平静地继续说道："好了，现在让我们继续刚才的讨论。"

《妈妈在家》的作者说道："如果一位母亲连自己都管不住，怎样能够管好孩子呢？因此我们必须重视家庭教育。一个孩子的性格塑造，从襁褓时候就已经开始了。作为母亲，应该要学会控制自己，不随意发脾气，给孩子树立一个沉着冷静的好榜样。否则，只会徒劳无功。"

想做一个间谍，必须拥有最强的自制能力，因为一旦疏忽大意，输掉的将是自己的脑袋。如果间谍被抓，他们一定装聋作哑，即使出动任何工具，使用何种诡计，都不能从间谍的口中得到什么。无计可施的捕头只能无奈地说："好了，你可以走了。"此时此刻的间谍依然不透露半点信息，就好像不知道酷刑结束了一样。人们说："他要么是装的，要么是傻子。"间谍的超常自控能力，往往帮他们保住了自己的脑袋。

布莱基教授在教室门前挂上通知："Will meet the Classes① tomorrow."（明天来这间教室上课。）不知道哪个捣蛋鬼把"教室"中的首字母"C"给擦掉了，通知于是变成"Will meet the lasses② tomorrow"（明天来这里跟女佣约会）。布莱基教授碰巧在离开小镇前，路过教室门前，看到通知被人修改了。他笑了笑，然后把"女佣"的"l"也擦掉了，整句话就成为"Will meet the asses③ tomorrow"（明

---

① classes：教室。

② lasses：女佣。

③ asses：驴。

天我将给一群蠢驴上课）。教授的宽容和机智，让捣蛋的学生无地自容。

苏格兰人唐纳德·麦克里的机智和耐心，给自己带来了意想不到的财富。在乡村集市，唐纳德开了一家小杂货店，这个店里光线昏暗，挂着许多蜘蛛网，经营状况也不如人意。十二年来，他第一次来到伦敦下订单，准备补进靛青颜料。唐纳德只订购了40磅，却被误看成40吨。由于唐纳德一向很有信誉，供货人也没有在意，很快就给他送去了40吨的靛青颜料。

可怜的唐纳德大吃一惊，整整一个星期都不知道该拿这些颜料怎么办。尽管如此，他并没有要求退货，而是先将颜料存放在店里。不久，唐纳德的小店迎来一位衣着光鲜的旅行推销员。推销员长途跋涉从大城市找到了这个穷乡僻壤，说是伦敦的那家颜料公司委托自己专程来纠正公司所犯下的错误，并慷慨地表示不需要唐纳德支付因为错误而产生的运输费用。唐纳德心想："供货公司怎么会专门派人来纠正错误，而且还是一个衣冠楚楚的家伙。"于是，唐纳德坚决否认自己当初订的是40磅而非40吨。"让我们到酒馆里谈谈吧。"来者提议道。

唐纳德下定决心要抵制美酒的诱惑，心里不断默念道：

"我必须时刻保持头脑清醒。"代理人用尽了一切办法，引诱唐纳德承认事实，但他坚持到底，没有松口，反而转移话题地说道："你永远都不可能让一个苏格兰人承认自己没有做过的事。"伦敦来的代理人终于失去耐性，实话告诉唐纳德："事实上，我们刚刚接到一份很大的订单，急需一批靛青颜料。我们会补偿你 500 英镑的，运费也由我们承担。"唐纳德摇了摇头，心想可不能错过这样的机会。最后，代理人摊出了最后底牌，说道："好吧，顽固的先生，5000 英镑，不能再多了。"唐纳德答应了。原来，西印度群岛生产靛青颜料的作物收成不好，而国家又刚好需要进购大量的靛青制作军服。就这样，唐纳德·麦克里凭借过人的耐力赢得了一大笔钱。

理智的思想是自由的，而自由也在思想里注入了力量。

亚伯拉罕·林肯在年轻时，脾气暴躁且好斗。自从他学会了控制自己的情绪，就变得从容不迫且更富同情心和精神魅力。"我在黑鹰战争中学会了控制情绪，并养成了理智处理事情的习惯。"林肯对福尼上校说道，"而这个好习惯就像很多其他坏习惯一样伴随了我一生。"

对上帝不敬，是一个人软弱的表现。犯有渎神罪的人，从来不会获得富裕、快乐以及智慧。社会不能忍受渎神之人，因为他们让高贵善良的灵魂感到厌恶。

某海军将领站在轮船后甲板上，宣读法令接管船员："弟兄们，我请求你们帮我一个忙，并希望服务于大英帝国的船员们，能满足我一个英国官员的请求。你们意下如何？愿意帮助新接管你们的船长一个小忙吗？他已经发下了誓言，会好好善待你们的。"所有船员都举起双手，大声问道："先生，请快告诉我们要怎样做才能帮上忙吧。"船长于是说道："兄弟们，我请求你们允许我履行我刚刚立下的誓言。"

编纂词典的罗伯特·安斯沃思[1] 是具有良好自控能力的典范。安斯沃思的妻子一气之下，竟把他辛苦完成的手稿付诸一炬。安斯沃思只是平静地回到书桌前，重新再开始自己的工作。

衡量一个人的力量，要看他是理智凌驾于情感之上，还是情感凌驾于理智之上。

"你有没有见过被人用污言秽语侮辱后，除了脸色微微发白，还能心平气和讲道理的人？你有没有见过身体忍受着极大痛楚，却还能像岩石一样笔直站立，表现得若无其事的

---

① 罗伯特·安斯沃思（Robert Ainsworth，1660-1743），英语－拉丁语词典编纂者。

人？你有没有见过官司缠身，却胜诉无门，而毫无怨言，让全世界都以为他过得幸福美满的人？其实，这些都来源于自我控制的力量。自控可以抑制住情感的冲动，使人保持贞洁；可以让神经敏感的人，在外界的刺激下，还能保持冷静和宽容。善于自控的人掌握了力量，他们是一群精神上的英雄。"

塞壬[①]的歌声可以迷惑人的神志。尤利西斯[②]在航行时，路过了塞壬出没的小岛，为了防止船员被歌声诱惑，便吩咐船员们用蜡把耳朵封住，并将自己绑在了桅杆上。俄耳甫斯[③]在去寻找金羊毛的路上，也遇到了塞壬，但他的办法是奏出比塞壬的歌声更加美妙的音乐，反过来迷惑塞壬，安全通过了小岛。

在通过充满诱惑的岛屿时，仅仅凭借道德的力量很难抵制住诱惑（所以尤利西斯才让人把自己绑在船桅上，让船员用蜡堵住耳朵）。后者则告诉世人，如果我们自身充满神圣之音，任多少塞壬诱惑自己，都可以不为所动。

---

① 塞壬（Siren），古希腊神话中半鸟半女人的怪物，常以歌声诱惑航海的水手使船失事。

② 尤利西斯（Ulysses），古希腊神话中的人物，在罗马神话中称为奥德修斯。

③ 俄耳甫斯（Orpheus），古希腊神话中的人物。

如果激情是风，是推动船前行的动力，那么理智便是驾驶员，引领船前行的方向。没有风，船不能行进；而没有驾驶员，船则会迷失方向。

亚历山大大帝[1]在伊苏斯战役、格拉尼库斯战役和阿尔比拉战役大获全胜后，建立起世界上最广阔、持续时间最长的帝国。当时，他还不满 33 岁，然而，这位伟大的希腊年轻人却没能控制住自己的口腹之欲，愚蠢地开始了酗酒狂欢，最终死在了巴比伦。如果当时他能对欲望说一个小小的"不"字，就可以挽救自己的生命。"就此一次"的纵欲，却毁灭了他。

拿破仑身经百战，在不少血雨腥风的大战役中取得过胜利，任何战争场面都不能让这位英雄胆怯。就是这么一位英雄，死在了荒无人烟的大西洋小岛上，死前竟不顾身份，为了礼仪和香槟跟赫德森·洛伊公爵大吵了一架。

莎士比亚为世人塑造了许多因为放纵欲望和情感而走向毁灭的人物。约翰王，在永无止境的权力欲望中一点点地失去脉搏里流淌的高贵血液，最终沦落得连野兽都不如；李尔

---

① 亚历山大大帝（Alexander the Great，B.C.356–B.C.323），马其顿国王，年轻时就征服了希腊、埃及、地中海以东至印度的大部分国家。世界古代史上最著名的军事家和政治家。

王，被一时的愤怒蒙蔽了双眼，最终自食其果；麦克白和麦克白夫人，对权力的欲望泯灭了他们所有的责任和荣誉感，甚至不惜弑君篡位，最终抵不过内心的谴责和恐惧，自杀身亡；奥赛罗则让嫉妒的火焰慢慢吞噬自己，导致最后悲剧的发生。文学作品刻画的人物，更加形象地告诉我们：屈服于冲动的人，注定要被其蝎子的尾巴所刺伤。

彭斯写信谈到一些朋友："夫人，如果我不和他们喝酒，他们就会认为我不够朋友。所以，我必须牺牲一点健康来换取他们的友谊。"年轻人啊，切勿以此为借口牺牲自身的健康啊，否则你得向多少这样的朋友妥协。

一艘船从伊利湖出发，航行至安大略湖，在离尼亚加拉瀑布一两英里处突然着火。火势很快就蔓延至整条船，船员和乘客纷纷坐小船逃离。一位女士被遗忘在大火中，当天晚上，大船顺流而下，她就像置身在一个飘动的火炉里，而火焰高高地窜向了天空。

眼见船就要到达瀑布悬崖的边缘，岸边的观看者无不屏住了呼吸，等待那不可避免一刻的发生。女人看上去沉着镇定，在船到达瀑布边缘的一瞬间，纵身一跃，从熊熊大火中跳了出来，溅起闪烁的水珠，消失在湍急的河流中。

很多人在面对大火时，总是容易惊慌失措，不管不顾地

141

就往水里跳。他们伸出手求救，恳求别人拉住他们。可是，没人拉得住他们啊，只有上帝才做得到。

许多人还没真正踏上人生的旅途，就打出了这样的牌子——"出售良机，再给我唱一曲吧"；"出售机遇，再给我一杯啤酒吧"。为了喝酒，他们不惜牺牲一个好好的家庭，一个忠实的妻子，以及可爱的孩子们；为了赌博，他们不惜搭上自己锦绣的前程，浪费了大好学习的时光。他们为了一杯朗姆酒，放弃光明的前程，美好的未来；他们失去接受教育的机会，没有知识，没有技能，还没有工作经验，丢弃一切换来的只是终日昏沉的头脑，不堪一击的神经以及腐败堕落的心灵，拖着一副病魔缠身的肉体，最终可耻地死去。

人们在英格兰的默西河发现了一具年轻人的尸体，从他的口袋里找到一张纸，上面写着："荒废了的人生啊！不要问我为什么，酒精让我无法自拔！让我死去，让我腐烂吧！"不到一个星期，验尸官便收到不下两百封来信，来自英格兰各个角落的父母亲，希望知道自杀者的样子。一个自杀的年轻人，牵动了两百个家庭的心，他们害怕那个就是他们的儿子。他们的心在流血，在呼唤儿子回家。带走他们的儿子、拆散无数幸福家庭的魔鬼，就隐藏在酒瓶里！

一个德国人在戒酒会上说道："过去，我把手放在头上，就感觉头疼不已。我把手放在身体的哪个部位，哪里就一阵剧烈疼痛。接着，我就把手伸进了裤袋，一下子就空空如也。然而现在，我的头不痛了，身体也不痛了，即使口袋里装着20块钱，我也能很好地克制住酒瘾。"

小孩最先学会的话就是"不"，但长大后却最难做到。一个"不"字包含了所有人生的意义：是幸福，还是不幸。先贤的哲学和今人的智慧，也可以总结为一个字——"不"。

说"不"让软弱者有了力量，多加练习使他们说起来更加坚定。坚强的意志不是一朝一夕就可以拥有的，要经历长期不断的磨炼才会愈加强大。而只需一次的妥协，就可以让一生的功绩毁于一旦。

能够控制住自己的情感、欲望以及恐惧的人，连国王都要自叹不如。

没有自控能力，人生就不会进步，无法培养出好的品格，也就无法接近成功。良好的自制力是人们成就自我的关键。

真正的成功人士，能够控制住自己身上的任何欲望。无论他们处于顺境还是逆境，都严格要求自己，坚持不懈地实现目标。没有自制力的人，无论他们能力有多强，永远任由情绪和环境摆布，不敢直面敌人。

严于律己的人，即使只具备一样才华，也可以获得成功；而放纵自我的人，即使多才多艺，也只会失败。

克莱伦敦[①] 在评价伟大的汉普登[②] 时说道："他是自己的最高统治者，所以让人感觉很有威信。"严于律己的人，不仅自己会更加自信，同时也让别人对你更有信心。对于商人，自制能力强还能给自己的信用加分。银行往往更相信严于律己的年轻人，因为这样的人更有责任心。商人很清楚一个道理，一个连自己都控制不住的年轻人，很难会履行自己的承诺。没有接受过教育甚至身体残疾的年轻人都有可能获得成功，然而，成功却绝对不会光顾没有自制能力的年轻人。只有拥有强大的意志力，人才能超越一切艰难险阻，到达彼岸。

普鲁塔克[③] 在评价"奥林匹亚"的伯利克里[④] 时认为："他如此稳重理智，虽然位高权重，生活作风却清白无瑕，

---

① 克莱伦敦（Edward Hyde，1st Earl of Clarendon，1609-1674），英国政治家和历史学家。

② 汉普登（John Hampden，1595-1643），英国政治家。

③ 普鲁塔克（Plutarch，46-120），希腊历史学家。

④ 伯利克里（Pericles，B.C.495-B.C.429），古希腊著名政治家。

所以人们才将他称之为"奥林匹亚"——圣洁之人。""每当伯利克里登台演讲时，就向神灵祈求不要让不合适的话语从自己的嘴边不小心溜出来。曾经有人跟在他后面骂了一个下午，到了晚上还跟着他回家，在他门口继续辱骂他。伯利克里叫来仆人，吩咐他提灯笼送此人回去。"

著名的"费边战术"最早是由古罗马大将、汉尼拔的对手费比乌斯·马克西姆斯[①] 提出来的。费边战术主张"以静制动"，避免正面对抗以取得主动权。正是这种战术在关键时刻挽救了罗马。这位伟大的将军并不鲁莽冒进，而是到迦太基与敌人进行谈判。谈判失败后，他站了起来，将披风折成斗状，向迦太基的贵族们说道："我给你们两种选择，要战争还是要和平？"结果对方回答道，他想给战争就战争，给和平就和平。费比乌斯愤起宣布："那我就给你们战争。"

汉尼拔，迦太基的亚历山大，以迅雷不及掩耳之势占领了西班牙，并穿越阿尔卑斯山，向意大利北部进攻，在特拉西梅诺湖击溃了罗马军队。罗马采取了"费边战术"，而费比乌斯也因此得名"拖延者"。"费边战术"需要很大的耐心："费比乌斯延迟了敌人前进的脚步，但从不冒险与之正

———————

① 费比乌斯·马克西姆斯（Fabius Maximus，B.C.260–B.C.203），古罗马著名军事家。

面交锋。他从不冒进，总是选择最有利的防守位置和敌军周旋。他不断地更改行军路线，采取变化多端的战术，骚扰敌军，点到即止。但只要汉尼拔的军队露出一点破绽，费比乌斯绝不放过机会发动攻击。"

在山区，汉尼拔的骑兵毫无用处。费比乌斯切断其供给线，不断进行骚扰周旋，但就是不发动正面袭击。很多罗马人误解了费比乌斯的战术，甚至质疑他的道德。费比乌斯顶住了各方压力，坚持执行自己的计划。有人甚至以为费比乌斯迟迟不肯正面交锋是另有所图。在意大利，只有汉尼拔等少数人理解他的苦心。对骁勇善战的罗马人而言，这种战术闻所未闻且不够光明磊落。米扭修斯在费比乌斯不在时进攻敌军取得小胜，后来，一半军队都交给了他统领，费比乌斯则救了他。六个月过去后，费比乌斯不得不去职退位，并警告新上任的将军不可贸然进攻。然而，新统领不听劝告，结果导致坎尼战役的惨败，80 名参议员遭屠杀，从战场上战死的罗马骑兵手上收集到的戒指足足有一蒲式耳。费比乌斯没有因为对方不听从自己的警告而幸灾乐祸，反而感谢他"誓死守护罗马，没有放弃希望"。接下来，费比乌斯再度上任，并携手马塞勒斯，一同守护国家，这对罗马共和国的"盾牌和利剑"，利用费边战术拯救了罗马。

让别人去赞美战争吧，

血腥、白骨累累的战争；

在那里，只属于胜利者，

失败则难逃一死；

而我更加佩服，

战胜自己的人，

多年来坚持不懈，

取得了人类最伟大的胜利。

躺在这里的士兵，值得全世界致敬；

从国内到国外，什么战争没参加过？

然而，最激烈的，还属那场，

与内心恶魔对抗的决战。

能够战胜自己的，都是英雄，

也许，你的名字不被记住，

但你播下了优质的种子，

直至永远，都将丰收。

——F.A. 肖

第八章

The School Of Life

人生学堂

与学校相比，生活教给我们更多的知识。

——塞内加[①]

我渐渐明白，同比自己学识和经验都更为丰富的人交谈，能得到最好的教育。

——布尔沃[②]

亲身体验是最宝贵的学校，只有傻子才从中学不到任何东西。我们只能给予别人建议，却不能代替他们生活。不听劝告的人不会得到别人的帮助，因为你不听劝了，别人则只会责怪你。

——富兰克林

毫无疑问，从事正当行业的人为别人干活多过为自己干活。在上帝的安排下，每一份正当的工作，都是在为社会谋福祉，而不是为自己牟私利。商人则不然，他们心里想得最多的永远都是利益。

——比彻

热爱大自然的人，可以与之面对面地交流；她的语言，

[①]　塞内加（Lucius Annaeus Seneca，B.C.4-B.C.65），古罗马哲学家。

[②]　布尔沃（Edward George Earle Lytton Bulwer-Lytton，1803-1873），英国政治家、诗人、剧作家和小说家。因创作"一角钱"小说而闻名。

叫人身心愉悦；她的微笑，透着美丽优雅；她悄悄潜入了人们的思想深处，轻轻地、温柔地、静静地帮人们磨掉一根根尖刺，人们却还浑然不觉。

——布莱恩特[1]

在春天的树林里，一刹那的冲动，就让你懂得了人性的邪恶与善良。与之相比，任何圣人都无法教授你更多的知识。

——华兹华斯[2]

---

[1] 布莱恩特（William Bullen Bryant, 1794–1878），美国自然主义诗人。

[2] 华兹华斯（William Wordsworth, 1770–1850），英国浪漫主义诗人。

　　"鞋匠，鞋匠，晚上工作，白天玩乐。"一个小男孩透过钥匙孔对鞋匠塞缪尔·德鲁[①] 喊道。昨天，塞缪尔因跟别人辩论政治而耽误了工作，此刻正熬夜赶工。第二天，他把事情告诉了朋友，朋友问道："你为什么不把小屁孩抓住，并痛打一顿？"塞缪尔回答说："不，不，那个男孩的话比子弹穿过头颅还叫我沮丧。我停下了手中的工作，对自己说道：'他说得很对，你不能再让人这样说你了！'对我来说，那句话是上帝之音，及时地提醒了我，让我认识到，今日事应当今日毕，我不应该在工作期间做其他事情。"从此以后，塞缪尔再也不跟人辩论政治，而是专心做生意，最后成为著名的学者和作家。

---

　　① 塞缪尔·德鲁(Samuel Drew, 1765-1833)，英国卫理工会教派学者。

在捆绑数学课本时，心情沮丧的阿拉格[1] 在书套上发现了这句话："不要放弃！勇往直前！只要你不放弃，困难总有一天会解决的。前进吧，黎明总会露出曙光，照亮你前行的道路。"这是达朗贝尔[2] 写给一位年轻朋友的话，阿拉格读后将其视为座右铭，鞭促自己成为那个时期最成功的天文学家。"那句格言，"阿拉格说道，"帮助我在数学领域里精益求精，成为了所谓的'大师'。"

埃德蒙·伯克[3] 说道："我们的敌人，就是我们的恩人。因为他们制造的种种困难，迫使我们考虑得更多，从而走得更远。因为他们，我们才不至于沦为肤浅的人。"

在库珀学院的奠基石上，刻了一句学院创立者所说的话："这所学校创立的初衷，是为我们的城市和国家的年轻人打开了一条探索科学知识的通道，让他们体验生命的美好，享受大自然的给予，感谢造物主创造了如此美妙的世界。"

---

[1] 阿拉格（Francois Arago，1786-1853），法国数学家、天文学家。

[2] 达朗贝尔（Jean le Rond d'Alembert，1717-1783），法国数学家、物理学家、哲学家。

[3] 埃德蒙·伯克（Edmund Burke，1729-1797），爱尔兰政治家、作家、演说家、哲学家。

查尔斯·诺德霍夫[①] 说道："被父母宠坏了的孩子，在别人打雪仗时，独自躲在火炉旁，每天睡到很晚才起床，口袋里还塞满了糖果。父母的过度关爱，让他在学会游泳前无法靠近水池，父母生怕他有什么闪失。然而，就是这样一个男孩，如果看到他的邻居早早就起来喂牛、光着脚丫不停地干活、衣不蔽体、为吃饭而辛苦工作、更不敢奢望有糖果吃时，他也会产生同情。然而，人类历史告诉我们，越是受过苦的孩子，长大后成才的可能性就越大。"大自然诅咒无所事事之辈，无论他们是贫穷还是富裕。

尽管学生能在学校里学到社会的体制、规则，也能得到老师的指导，但只有他真正踏进社会，接触这个活生生的世界后，才能获得力量。

纵观美国历史上的伟人，大多数都来自新英格兰的山区或者是岩石包围的地方，包括很多演说家、诗人、牧师、画家和发明家。曾经有一本小书记载了马塞诸塞州埃塞克斯郡出生或长大的 191 位名人，其中包括男女画家、演说家、诗人以及散文作家。试问，还有哪儿能够养育出如此多的伟人？

"高山与幽谷、广袤的海洋、来自大自然的声音、熙熙

---

① 查尔斯·诺德霍夫(Charles Nordhoff, 1830-1901)，德裔美国作家。

攘攘的城市，才是最好的老师，比课本拥有更深邃的思想。"

"自然界的山脉，比希伯来文明、印度文明以及希腊文明更加古老；然而，它们却同样沉寂少语；只有当上天选中的那个人，来到它们跟前，倾听它们的声音，才能听到智慧的声音是那么的高深而玄奥。"

"海洋也蕴藏着古老的智慧，谁能看懂它的文字？早在雅典、爱奥尼亚出现吟游诗人以前，它就唱出了古老的歌谣，在荷马的心里播下了种子。他只捕捉到支离破碎的语句，智慧便在心里开花结果；好好聆听吧！忘却世间的纷扰，丢掉自以为是的迂腐。"

"城市同样也是最好的学堂。人来人往，上演着一幕幕真实的人间悲喜剧，在这里，任何画笔都无法描绘出真谛；社会这所学堂，囊括天南地北，守护着上帝的秘密。"

"翻开这些古老的大书吧，人生苦短，但只要让我读完一页，我就心满意足。"

比彻说，报纸是普通民众最好的老师，是千金都买不到的财富。

新闻产业是现代社会的奇迹，人们只需要付出一张邮票的价钱，就可以获得如同一支军队的服务。

报纸上的语言比日常语言略微正式，但有时候也很粗糙。但是，报纸不允许使用粗话，因而不至于粗俗。在报纸上，人们可以读到别人的不幸遭遇，并给予深切的同情，因而培养了读者的人文情怀。

孩子应该学会在生活中寻找美，读出大自然的伟大诗章。受过良好教育的人，认为自然万物是上帝传达给人类的信号，记录着天地造物的故事。

大自然想尽了一切办法引导人类循规蹈矩，并准备了健康、快乐、幸福作为奖赏，疾病、痛苦作为惩罚，她以此引导我们最大限度地开发自身潜力。我们望着大自然手上闪闪发光的奖品，熬过漫漫长路，奋勇斗争，几乎将奖品揽入怀中，却又始终未曾真正拥有。大自然用光明的未来掩盖追求真理、塑造人格所带来的艰苦，如果我们对苦难望而却步，便无法靠近光明的未来。然而，若不是看到前方的美好未来，年轻人又怎会不辞辛苦地为梦想奋斗？母亲在教婴孩走路时，都是拿玩具进行诱惑。比起得到玩具，更为重要的是，婴孩锻炼了自己的肌肉和力量。同样，大自然一次又一次地将越来越有诱惑力的玩具摆在我们面前，吸引我们拾取，让我们从中得到锻炼和发展。

在我们为第一个玩具奋斗拼搏时，大自然又举起了更具诱惑力的玩具。只要我们坚持追求，总有一天会拿到第二个玩具。于是我们更加努力，奋勇拼搏。正因为这样，当我们训练自己的耳朵听细微的声音时，耳朵便会变得更加敏感。同样，不断追求更高目标的人，会变得更加强大。

实践是最好的老师。人生如同行军旅，实践则是一次次的操练。没有了实践，我们将失去行动的力量和目标。实践不同于传统的教学或书本，它带领我们踏进社会这所大学，与活生生的人和事接触。实践可以磨砺思想，塑造人格，教人以耐心、毅力、自制以及勤奋。在实践中，我们学到了方法和体制，不虚度每一个小时、每一天。实践赋予人更好的判断力，使人机智、实事求是。

人类天生懒惰，所以需要刺激，点燃野心，克服舒适和财富带来的惰性。面对懒惰的年轻人，应当尽快找到办法消除这个阻碍自我发展的强大障碍。当然，贫穷正是最好的刺激物。

饱受世人的误解，而你却咬住真理不放松，那么，你的经历，便值得人们尊重。大自然引导我们不断追求目标，绽放生命；大自然用世间乐土，鼓励我们穿越艰难困苦。大自然的无私奉献，为人类培养了无数人生道路上的勇士！

大自然发现女人过于顺从、野蛮无知，所以为我们送来了南丁格尔[①]、维多利亚[②]、弗朗西斯·W·威拉德[③]、茱莉亚·沃德·豪[④]和玛丽·利弗莫尔[⑤]等杰出女性。大自然赋予她们击退地狱、抓住天堂的双手。

在前往巴黎的路上，你看到招牌板上普桑[⑥]的画，便将他锻炼成了最伟大的画家之一；你偶然遇到赶着驴送牛奶的钱特里[⑦]，就将他锻炼成了本世纪最杰出的雕塑家；你发现理查德·福利[⑧]在瑞典闲逛，想要学习瑞典的制钉技术，就让他成为盛名远扬的打铁匠；你看到莎士比亚在剧院门前牵马，便帮助他获得了《哈姆雷特》的灵感；你发现荷马在希

---

① 南丁格尔（Florence Nightingale, 1820-1910），世界上第一个真正的护士，开创了护理事业。

② 维多利亚女王（Alexandrina Victoria, 1819-1901），英国历史上在位时间最长的君主。

③ 弗朗西斯·W·威拉德（Frances Elizabeth Willard, 1839-1898），美国教育学家，妇女参政论者。

④ 茱莉亚·沃德·豪（Julia Ward Howe, 1819-1910），美国废奴主义者，社会活动家，女诗人。

⑤ 玛丽·利弗莫尔（Mary Livermore, 1820-1905），美国记者，女权主义者。

⑥ 普桑（Nicolas Poussin, 1594-1665），法国巴洛克时期的重要画家，也是17世纪法国古典主义绘画的奠基人。

⑦ 钱特里（Francis Leggatt Chantrey, 1782-1841），英国雕刻家。

⑧ 理查德·福利（Richard Foley, 1580-1657），英国的著名铁匠。

腊的海岸徜徉，就让他写出了《伊利亚特》这部永世传唱的史诗。

　　这就是伟大的自然！

第九章

Being And Seeming

活出真我

　　那个是国王吗？就在那里，那个男人！奇怪了，我在巴特利米集市上看到的那个人，竟比国王更像国王。

——彼得·平德①

　　上帝创造了他，所以他也是人类的一员。

——莎士比亚

　　就算移居到阿尔卑斯山，俾格米人还是俾格米人，而且一样保持着山谷习性的俾格米人。

——扬②

　　上帝知道，我没有成为自己应该成为的人，也没有成为我可以成为的人。即使可以从头再活二十次，我也宁愿像无神论者一样纯洁无瑕，也不要让宗教的色彩玷污我的心灵。

——彭斯

　　要求别人做到前，自己首先要做得到。用你的行动，而不是靠说教让别人信服。自己喜欢吃奶油，却卖给别人脱脂奶粉的人，就是一个不老实的人。

——比彻

　　虚伪的人希望让别人认为自己是个好人，而不是真心从

---

　　① 彼得·平德（Peter Pindar, 1738-1819），原名 John Wolcot，彼得为其笔名。英国讽刺作家。

　　② 扬（Thomas Young, 1773-1829），英国博物学家。

善；诚实的人则相反，他们真心想做好人，并不在意别人对自己的看法。

——沃里克

让我们卸下可悲的虚伪外表，以最真诚的面貌待人吧。将来的某一天总会到来，当光灿灿的银链松开，金球裂开，我们急切地想要回顾走过的人生。

——"奥格赛商船"

天使可能衣着破烂，魔鬼可能衣着华丽；坐在王位上的可能是假货，真正的国王隐藏在仆人中间。鄙视一切不公的人，应当时常扪心自问，自己是在心里暗骂，还是敢于公开抨击。

——菲利蒙

人迟早都会绽放出自己应有的光芒。

——塔尔梅奇

人的真正价值在于本真，而不是虚伪；脚踏实地地做好每一件小事，要比幻想中的一鸣惊人更为伟大，来得真实；无论盲目的人们说些什么，富于幻想的年轻人渴望什么，仁慈才是风度，真诚才是高贵。

——爱丽丝·加里[1]

---

[1] 爱丽丝·加里（Alice Cary，1820-1871），美国诗人。

　　简·泰勒[①] 在《哲学家的衡量标准》中写道，哲学家衡量事物以其内在价值为标准，并举了一个例子来说明："下次亚历山大大帝要是还穿多卡斯做的衣服，即便套上盔甲，穿上鞋子，戴上王冠，这位大英雄只要一站起来，衣服还是会掉下来的。"

　　自视过高的人，让别人感到不快的同时，也被觉得可笑。我们生活的世界不欢迎甚至讨厌自以为是的人。

　　"宁可马马虎虎地过完本真的一生，也不要充当胖子。"许多英国人家将此话奉为了至理名言，这说明英国人还是有祖先盎格鲁—撒克逊人的朴质思想。

---

　　① 简·泰勒（Jane Taylor，1783-1824），英国诗人、小说家，《一闪一闪亮晶晶》的作者。

"画出真实的我，不要掩饰任何的不足，否则我不会付钱。"奥利弗·克伦威尔[1]对正在修改画像的画师说道。

韦奇伍德[2]虽然是工人阶级出身，但对工作的要求却非常高，没有尽到全力做出来的次品，他绝对不会接受。如果没有达到理想的结果，他一生气就会把辛苦完成的作品扔掉，然后自言自语道："这不是我乔赛亚·韦奇伍德的作品。"韦奇伍德一丝不苟追求完美的个性，让自己声名远扬，成为了举世闻名的陶艺匠。

波士顿人崇尚知识，一旦有新人到达那里，他们心里想的第一个问题就是："这个人的学识不知道高不高？"费城人的阶级观念根深蒂固，他们遇到新人的第一个问题是："这个人的父亲不知道是做什么的？"纽约人信奉金钱至上，他们的问题则是："这家伙身家不知道有多少？"其实，评价一个人的好坏，不应该只看他的财富、出身甚至学识，而是要看这个人究竟是怎样的一个人。

"即便躺在灰尘中，宝石还是宝石；即便被暴风雨卷入

---

① 奥利弗·克伦威尔（Oliver Cromwell, 1599-1658），英国政治家、军事家。

② 韦奇伍德（Josiah Wedgwood, 1730-1795），英国陶艺匠，创立了"韦奇伍德"陶瓷品牌。

天堂，沙子依旧是沙子。"

然而，既然是宝石，就不应当长期淹没在灰尘之中。贺拉斯[①]提醒我们："不能展露才华的天才，与庸人无异。"

人的名声如同影子，时而跟在后边，时而跑到前面，时而比真人高，时而又比真人矮。

柯勒律治[②]说道："寡言少语者，并不总是智者。我曾经和一位沉默寡言的人吃饭，他一言不发，只是静静地听我讲话，并不时地点一点头，让我以为此人拥有不同寻常的智慧。然而，快到吃完饭时候，侍应生上了一些苹果布丁，此人突然开金口说道：'我不喜欢布丁。'"

无论费尽多少心思沽名钓誉，若没有强大的人格魅力支撑，名誉总有一天要烟消云散。高尚的人格和良好的声誉，就像一棵树的生命动力，使枝叶舒展，树干成长。乔赛亚·吉尔伯特·霍兰德[③]也说："人格体现了一个人的内在，而名誉只是身外之物。"

---

① 贺拉斯（Quintus Horatius Flaccus，B.C.65-B.C.8），古罗马诗人、批评家。

② 柯勒律治（Samuel Taylor Coleridge，1772-1834），英国诗人、评论家。

③ 乔赛亚·吉尔伯特·霍兰德（Josiah Gilbert Holland，1819-1881），美国小说家、诗人，笔名 Timothy Titcomb。

"这是一个骗子的时代!"某位美国评论员写道,"假冒伪劣产品充斥着各个领域!哎,我们的偶像是假的,英雄也是假的,政治家满口谎语,教授学术造假,学校欺名盗世!"今天,我们的世界也是这样吗?

"人们对这个世界的真相了解太少,"索西说,"他们只看到了表面现象,就轻易地下了结论。"

卢西恩认为,空洞乏味的雕塑,就算用最纯净的白色大理石雕成,其内在也只是一堆破烂和垃圾。朗费罗认为,道貌岸然的人就像"古僧在修道院门面上和祭坛碎片上所画的画一样,外表是圣玛利亚,内心却藏着爱神维纳斯"。

霍尔医生告诉我们,有一位苏格兰人一边唱着最虔诚的圣歌,一边将手伸进口袋,寻找最小块的银币,投向了捐款箱。

爱默生说:"有怎样的心灵,就有怎样的人。人们以为美德或罪恶只体现在公开的行动上,殊不知它们无时无刻不在呼吸。"

活出自我比假装别人更容易,获取力量比掩饰不足更简单。

年轻人凡事都喜欢模仿,模仿别人的画作,给自己的思想、感受、情感、衣着甚至道德都抹上别人的色彩。然而,我们很容易就可以区别出谁是真正的恒星，谁又只是行星，因为只有恒星才会闪烁。只有当真正的太阳不在了，人造太阳才会耀目。无论你的模仿有多么巧妙、多么逼真，总有人能够识破。

当利文斯通博士遇到非洲内陆的部落，并向他们展示镜子时，这些从来没有见过镜子的人奇怪地看着自己的脸，惊呼道："我长得真难看！""我的样子好奇怪！""我的鼻子好丑！"当我们第一次直面自己的心灵时，也同样会感到吃惊。

盖基讲道，某酒吧老板在礼拜天不去教堂做礼拜，只是打开圣经，坐在酒吧里等顾客光临。

人品差的人，常常拥有一个好名声。这并不稀奇，因为光鲜的外表下，也有可怜的蛀虫在作威作福。

佛罗里达玫瑰虽然是花中极品，却不会散发香气；天堂鸟虽然漂亮，却不会唱歌；希腊的柏树虽然繁盛笔直，却不会结果。

南北战争时，关押在南方监狱的士兵寄信回家，必须要通过南部联盟有关官员的审批。一天，某士兵用墨水写下了自己想让审批官员看到的内容，再用柠檬汁或其他什么隐形的液体写出自己真正想说的话。直到信寄回了家，隐形的字迹才显现了出来。将信件一加热，士兵掩埋在心里长达数星期甚至数月的想法，便跃然纸上。

我们大胆地写下希望别人看到的话，并希望获得评价。然而，我们内心的真实想法、对他人的评价和见解，却隐藏在字里行间，害怕被人发现。只是一旦写了出来，就永远存在于世界上。它们也许失落在遗忘的角落，就像打火石里沉睡的火花一样，总有一天会迸发出来。冲动时所做的行为，往往透露出隐藏了多年的秘密。犹大如果不是手里抓住钱袋，耶稣也不会知道他就是那个叛徒。

阿诺德① 大胆地写下了自己在提康德罗加、魁北克和萨拉托加的英勇事迹，并将其公之于世。在费城时，阿诺德却暗地里出卖了自己的祖国，并公开表示自己已经准备好迎接死亡。萨拉托加、魁北克和费城人毫不怀疑阿诺德所写下的东西，直到西点军校揭露出阿诺德阴谋将祖国卖给英国的真相。如果不是西点军校出面揭露真相，公众还不知道他们所崇拜的英雄原来是一个叛国贼。

阿诺德的一名狂热追随者，跟随阿诺德一起穿越了北方荒无人迹的森林，期间他们也干了不少坏事。因为跟着阿诺德的缘故，阿伦·伯尔也成了放浪之人，成为了一个角斗士

---

① 班尼迪克特·阿诺德，美国独立战争时期的英勇将领，后来叛国。

和专搞阴谋诡计的政治家。

据说，如果一个律师自己都不相信客户的清白，想要让陪审团相信就更不可能了。因为陪审团可以从律师的肢体动作、眼神、语调甚至一瞬间的表情觉察到事情的真相。所以，无论我们怎样努力掩饰，总会出现疏忽大意的时候，让别人抓住把柄。斯韦登伯格说，某组织曾经想传播一种连他们自己都不相信的宗教信仰，结果通过了极大的努力，却没能获得成功。

艾默生说："在人生的这张大网里，我们无法隐藏任何缺点。不好的、腐烂的或者低劣的线条一旦出现，马上就被人看出来了。"

一个人的污点是不可能永远隐藏的，人的每次经历都会在性格上留下烙印。我们身上的疤痕和污点，不可磨灭地刻在了人生这块大理石上，告诉了别人我们的不足。时间的双手也无法抹去曾经愚蠢过的痕迹，即使经历了80个冬季，也无法把年轻时候的污点洗刷干净。

年轻人很难抵抗诱惑，很难踏踏实实地做好自己，反而自以为是，假装自己很厉害。我们看似很快忘记，然而世界却把一根头发的直径、一粒稻谷的重量都记录得清清楚楚。也许不在今天，也不在明天，但总有一天，我们会脱下所有伪装的外衣，显示真我。因为真实的自己就像影子一样，永远跟随着自己。

"拥有好的性格，在这个世界就能抓住成功。年轻人在实习期间应坚守原则，不急不躁，脚踏实地地前进。名声对于一个年轻人来说，要比财富重要得多。拥有好名声的人容易结交朋友，得到资助，因而更容易得到财富、荣誉和快乐。"

如果我们能够看到别人给自己打分，一部分人肯定要沮丧不已。例如，某人在礼貌上得了 100 分，75 分的善良，50 分的诚实，25 分的聪明等等。我们的终极目标就是每个项目都得满分。人与人之间交往接触，彼此都在心里给对方打分，就像在面试过后面试官会给应聘者打分一样，每一个细节都会注意到。由此可见，世界其实会把我们的进步和退步，都一一记录了下来。

每一个人都应该努力奋斗，不断进步，因为终其一生，所有认识你的人都会给你贴上标签，然而很少有人会意识到这一点。你在哪个方面很出色，又在哪个方面有不足，如果有致命的缺点或者严重的坏习惯，那么，你在他人的评价中，平均得分就会落入谷底。

是怎样的人，就能获得怎样的成就。如果一个人学识贫乏，自私小气，那么他的一生只能碌碌无为，说的话没有一点分量，对别人也产生不了多大的影响。如果这个人诚实纯洁，心灵高尚，一举一动都有感染他人的力量，他的成就必定非凡，因为所有人都信赖他，他总能把心中的理想变为现实。

画家开画展，不仅仅是在展示作品，同时也在展示自己。因为画家在创作时，他的思想、情感、行为以及生活环境都会反映在画布上。绘画这门艺术是铁面无私的一种行为，只有真正体现画家心灵的作品，才经得住时间的考验，流传千古。那些故意模仿别人的作品，就像尼布甲尼撒梦中那分崩离析的土堆一样，最终烟消云散。

一个加利福尼亚人给波士顿药剂师寄去了一盒子金粉，他并非怀疑这些金粉的价值，而是希望得到科学的验证。最终检验结果得出：这些只是一堆黄铁屑。

人们总是把黄铁误认为是黄金，一旦检验出真相，便大失所望，甚至陷入麻烦，卷入不幸。真正的乞丐往往住在皇宫里，看似风光无限；精神上的百万富翁，却都是一些平头百姓。

得克萨斯州的一位印第安族长到火车站买票，用贝壳和珍珠作交换，售票员不同意，族长便非常生气，说道："我是族里最富有的人，竟然还买不到你们的一张火车票！"他确实是部落里的富人，但是在文明的城市里，他却是一个贫民。

在视美德为金钱的地方，很多所谓的富人用尽全部家当都买不到忠诚的仆人。

一位著名的苏格兰人说道："莎士比亚是个旷世奇才，钻入他脑子里的那些思想火花，怎么就不光顾我一次呢？"查尔斯·拉姆[①] 也说："一天，就连华兹华斯也跟我说，他认为世人对莎士比亚的评价过高：'莎翁写的东西过于华丽，技巧太多，美得让人目眩。假如给我莎翁的头脑，我也一样可以写出那样的文字。'"拉姆平静地接着说道，"由此可见，真正成就大家的作品，不是技巧，而是内在的思想。"

"你赚钱太容易啦，"商人对记者说道，"我每天要在办公室里工作9个小时，而你只要坐在书桌旁，写几篇新闻，银票就到手了。"记者答道："您难道没有注意到，我的工作没完没了，我也从来不白走一步，白看一眼。朋友，当在和陌生人打交道时，我就在工作，我在思考他有没有故事值得我写。在和别人聊天时，我也不闲着，直到挖出我想要的素材。只要发现大自然中的美丽景色，我就想怎样才能把眼前

① 查尔斯·拉姆（Charles Lamb，1775-1834），英国散文家。

这番美景用文字表达出来。”

奥德沃斯来了一位生人，正在向农民打听坦尼森的住处。“他很受敬仰吧？”坦尼森顺便问道。农民答道：“那我就不清楚了，我只知道他有一个仆人，但是他不在那所房子里睡觉。”

亚历山大·H·斯蒂芬斯[①] 为南方联盟出谋划策，提出与外国结盟，并差点取得成功。他的大名，林肯闻名已久，但两人初次见面时，却令林肯大吃一惊。站在林肯眼前的，是一个瘦小且病快快的男人，很难让人相信这副躯体承载着一个精力旺盛的灵魂。斯蒂芬斯身穿乌尔斯特大衣，要不是脱下了大衣，林肯还以为他很壮实。林肯脸上挂着自己那独一无二的微笑，说道：“你是我所见过的，藏在小豆荚里的最大的那颗豌豆。”

“真正的绅士就像实心红木，时髦男子只是用于装饰红木的饰面薄板。后者为自己而奋斗，前者为社会而奋斗。”

“摘下你的面具吧！”卡莱尔[②] 呼吁道，“向世人展现你

[①] 亚历山大·H·斯蒂芬斯（Alexander Hamilton Stephens，1812-1883），美国内战时南方同盟的副总统。

[②] 托马斯·卡莱尔（Thomas Carlyle，1795-1881），苏格兰散文家、史学家。

的真实。不再强颜欢笑，不再撒谎，或者假装善良，丢掉毫无意义的做作与伪善吧！告诉别人你是谁，不再附和别人，敢于说出自己的想法，敢于追求心中的梦想，这样你才不会后悔一生。"

我们的每一个行为，都出卖了我们的内心，甚至让人预测到将来。我们的一举一动都是一张指示牌，告诉我们世界要走向何方。灯越亮，说明油烧得越快。如果我们干坏事了，就算心灵之门只开了一条缝，我们的秘密也会偷偷溜出去，被别人察觉。从一个人的计划可以看出他的将来，而从他的行为则可以看出他的为人。人生最重要的战役是从内心之战开始的，一旦内心中正义的一方输了，外界就能察觉到，因为惭愧和羞耻感把美德和正气的横幅扯下，升起了它们自己的旗帜。从一个人脸上的表情，可以看出他是得意还是失意，就像长在山上的橡树，从它们的树干和树皮上就可以判断出那里有没有刮过大风、下过大雨，还是一直阳光明媚。同样，我们的所思所想，内心所怀有的目的，都无可避免地刻在我们的表情或行动上。有什么样的思想，就成就什么样的人。

不需要知道一个人的全部就可以知道他的为人，只需要捕捉到太阳的一条光线，就可以分析出太阳的成分。人的真实想法和行动加起来，就是他的个性，足以让人大概地了解他的人生。知道一个人当前的想法和过去的想法，基本上就了解了这个人。将一个人个性中的一小部分的横切面，放在显微镜下进行剖析，就能形成对整个人的印象。

一个穿着寒酸的波斯圣人，参加一个盛宴时，被人轻视，甚至侮辱，没人愿意跟他坐在一起。于是，圣人回家换了套衣服，用丝绸和缎子做成长袍，边上还镶有蕾丝和宝石，头上插了一支镶有钻石的羽毛，腰间挂着的军刀插在镶满宝石的刀鞘里。当他重返宴会时，宾客纷纷向他表示出了极大的尊重。圣人伸出他那镶满宝石的拖鞋，又拿起金光灿灿的长袍，讽刺地说道："你真受欢迎啊，尊敬的袍子阁下。欢迎您啊，世上最华丽的长袍。袍子阁下，您想吃什么呢？"宴会主人恼怒地看着圣人，圣人接着说道："难道我不应该问它想吃什么吗？你们的欢迎都是给它的啊。"

第十章

Decide

明确目标，果断出击

每一个人和民族，都曾经面临抉择；是选择正义还是邪恶，便是真理和谬论的斗争。

——洛厄尔[①]

果断的人，善于把握时机，将想法付诸行动，马上筹划、实施、解决、完成。

——汉纳·莫尔[②]

优柔寡断是性格软弱的体现。

——伏尔泰[③]

在选择面前犹豫不决，是导致不快乐的重要原因。

——艾迪生[④]

好的开始便成功了一半。只要不放弃，很快就能把剩下的另一半也完成。

——奥索尼尔斯[⑤]

[①] 洛厄尔（Percival Lowell，1855-1916），美国天文学家。

[②] 汉纳·莫尔（Hannah More，1745-1833），英国宗教作家。

[③] 伏尔泰（Voltaire，1694-1778），原名 Francois-Marie Arouet，法国启蒙思想及、文学家、哲学家。

[④] 艾迪生（Joseph Addison，1672-1719），英国作家。

[⑤] 奥索尼尔斯（Decimius Magnus Ausonius，约 310-395），法国拉丁诗人、修辞学家。

我应当时刻记住，当凯撒说'就这样办'时，事情也马上这样办成了。

——莎士比亚

世上最可悲的争辩，发生在个人的内心法庭上。

——比彻

犹豫不决比草率行事还要恶劣。举起枪随便一射，还有射中靶心的可能，而一弹不发则永远不可能射中靶心。

——费尔特姆

伟大的事业从来都不是由瞻前顾后的人干出来的。

——乔治·艾略特

第十章
Decide
明确目标，果断出击

约翰逊博士说："当你还在犹豫应该给自己的孩子读哪一本书时，另一个小孩已经把两本书都读完了。"

圣女贞德获得成功，不是因为她特别有远见或者勇敢，她只是很有行动力，一旦发现问题就马上着手解决。她的强大在于行事果断，然而，这一品质却很少有人能够真正拥有。她以上帝之名发誓支持查尔斯七世继任皇位，并用实际行动实现了这个誓言，成功地击败了入侵的英军。

哥伦比亚也是因为目标明确、行事果断而获得了成功。只要下定了决心，无论花多少代价都要实现目标，遭受多少挫折都不会灰心，这便是哥伦比亚的行事原则。他从不放弃年轻时的梦想，直到最后把追求梦想当做了一种人生激情。

有太多年轻男女没有人生目标！他们懒散、茫然、胆怯、漫无目的、毫无个性！他们每天就这样飘来飘去，没有方向，也没有任何计划！他们极易受环境影响，纵观其一生，他们从来没有明确过目标，促使自己进步和生活得更有意义。当没有人要修理东西时，即便你带着一箱子的工具也没有用处。如果木匠没有顾客，工具再多也是白搭。同理，人生没有目标，就算满腹才华的人，也得不到施展，生活也不会开心。

如果雕刻家在雕刻前没有先构思好，一刀下去只能破坏整座雕像。所以，我们在下刀前应当事先明确好目的。

有人认为，只要自己勤快一点，一整天都坐在大理石旁不停地雕呀刻啊，就算脑子里没有任何构思，总也能刻出什么来吧。事实证明，这绝对不可能。如果有这种想法的人，我奉劝他最好永远都不要拿起凿子和锤子，免得浪费石材。请把这些石材放在原地吧，省得你糟蹋了。

没有人生目标，在冲动的驱动下过日子的人，永远也无法成为性格坚强的人，他们的人生之船也因此永远行驶不到更远的海域。他们无法成为一个人物，因为没人有能力预知自己明天将要做什么，也许他一不高兴，没有了情绪，就什么也不干了。他们就像是没有方向舵的船，在大海里漫无目的地漂泊。幸运的话，也许能得到风神的眷顾，顺利驶进港湾；反之，则有可能一头撞到岩石上，落得粉身碎骨的下场，或者终其一生都靠不了岸，永远在海上漂泊。

犹豫不决甚至能让最聪明的天才变得毫无用处。在殖民统治的黑暗时期，如果不是及时起草了《宪章》和签署了《独立宣言》，为美国争取自由铺垫了基础，美国很有可能永远没法得到解放。

在人生的海岸上，有多少建造坚固、装饰华丽的大船搁浅在礁石或者沙滩上，没有办法行驶。它们的主人任由它们卷入漩涡，随浪潮搁浅沙滩。很多人就如同漂在水上的落叶、纸片或者浮木，一碰到障碍物就停止不前了。性格软弱的人，就像旗帜一样随风飘扬。风吹向哪儿，你就得往哪个方向飘，一遇到诱惑就跟着走，一有压力就举旗投降，没有自己的观点，既不会说"是"也不敢说"不是"。

不受怀疑和变化左右的人，是非常幸运的人。他们蔑视追求享乐的人，他们敢于嘲笑敌人，他们知道自己要做什么，他们相信自己的运气，他们也相信自己有能力去做自己想做的事。他们从不优柔寡断，不受疑心的困扰，没有那么多的"如果"和"但是"，不会因为害怕而退缩。他们不畏惧任何危险，傲视敌人，嘲笑困难。他们很清楚自己该干什么，并毫不犹豫地实行。他的力量足以抵挡任何诱惑，击碎任何谣言。他不怕受人诟病，也不被掌声收买。他能承受别人的嘲笑和鄙视目光，并进行反击！

小威廉·皮特① 便是一个目标明确且坚定不二的典范。威廉从小就意识到自己必须有所成就，否则配不上功成名就的父亲。这个想法伴随了威廉的一生，无论他在哪里，在做什么，在中学还是在大学，在工作还是在玩乐，都不曾忘记过这个想法，即必须成为一名政治家，建立丰功伟业。这个信念已经渗透到威廉身上的每一个细胞，以至他将所有的精力都投入到了这一任务上，并在 22 岁成为一名议员，23 岁成为国家财政部大臣，25 岁当选英国首相。多么鼓舞人心的事例啊！小威廉把他所有的能量、精力、意志力以及激情都献给了人生的唯一目标。

从小便树立目标的人，长大后要比别人占有更多的优势。因为这些人毕业后，不用再浪费时间选择职业，而是直接奔着目标奋斗。

韦伯斯特这样评价自己的对手："他既没有进步也没有退步，只是在原地踏步，而且还没有决定好是要向前走还是向后走。"

---

① 小威廉·皮特（William Pitt, 1759-1806），英国政治家、演说家，英国历史上最年轻的首相。

威廉·马修斯博士说道:"十个人中,有九个人将把目标定得太宽泛了。"这些将目标定得太过宽泛的人,从来不懂得思考那些样样都学的人,其实常常会无一精通,这些人从来不确定什么才是自己该做、最擅长做的事情。各行各业都有这样的人,在我们身边,到处都有这种失败者。

一个人即使理智沉着、精神强大,但是缺乏果断的抉择能力,一样无所成就。凡事都顾及到正反两面的人,如果不够决绝,一般很难做出决定并付诸行动。在决定要不要做一件事情前,犹豫不决的人将可能发生的后果都想了个遍,然后铁定要权衡很久,不会轻易做出决定,结果往往与成功失之交臂。

即便犹豫不决的人最后做出了决定,准备好承担牺牲一方所产生的后果,但是他们却不够坚持,不够大胆,没有义无反顾的精神,同样容易动摇。这些人常常在没有完成目标的时候,就已经感到了后悔,并因为感到后悔而连连受挫。

已经获得成功的人士,耳边一定是常常响起这样的一句话:"只有傻子做事情才会一拖再拖。"

阿莫斯·劳伦斯① 说道:"事实上,如果我们养成即时行动的习惯,就能抓住潮汐涨到最高点的那一瞬间。比起那

---

① 阿莫斯·劳伦斯(Amos Lawrence, 1786-1852),美国商人、慈善家。

些犹豫不决，等潮汐退下一半才行动的人，我们占有了更大的优势。"

连决定都做主不了的人，最终将一事无成。我们应该训练自己应对紧急状况的能力和勇气。

有人问亚历山大大帝是怎样征服世界的，亚历山大回答说：果敢决断，马上行动。

拿破仑在面对突发状况时就从不犹豫，他能够迅速判断出形势，马上做出决策，然后再也不去考虑其他因素，免得思维被扰乱。像拿破仑那样能够很快做出正确的判断，并当机立断，不惜做出牺牲的人，古往今来，都是少部分人，而正是这少部分影响和推进了社会的进程。

拿破仑征服了整个欧洲，直至后来似乎失去了当机立断的魄力。在滑铁卢战役中，他没有拿出从前应付突发状况的果断，没能及时地作出抉择，最终丢掉了滑铁卢，也丢掉了整个欧洲。

拿破仑的强悍意志，使他在大战役中频频取胜，果断而迅速地发出每一道命令，几乎征服了整个欧洲。拿破仑就像火镜一样聚集着太阳的光线，即使是最坚固的钻石都可以熔化。

某陪审员在审理一桩谋杀案时，在法庭上坚持了自己的观点。当其他 11 名陪审员一致认为被告谋杀罪成立时，他没有随波逐流，而是诚实地说出了自己的看法。他表示就算饿死，也不愿意点头宣判一个无辜的人有罪。其他陪审员起初也很坚持，但 24 小时过后，他们最终屈服了。

当然，当机立断是有前提的，那就是，做出来的决定必须是明智的选择。驴也一样会做决定，但它的决定常常是错误的，它的坚持我们称之为执拗。不要把固执和坚持混为一谈。固执的人是犯了错还死不承认。真正的坚持应该是独立的、自主的，需要意志力严格控制。

人们有时会遭遇突发事件，并需要立即做出决定。如果只是知道做出决定，还不够成熟，但是他已经尽力了，那么，就需要马上付诸行动。人生的很多重要决定，都是在这种情况下做出的。

范妮·弗恩[①]（詹姆斯·帕顿夫人）回忆起战争年代跟随巴特勒将军的时光，还禁不住对将军当机立断的能力感到惊叹不已。"每当有重要的抉择时，别人都要到他的帐篷里请他做决定，"帕顿夫人回忆道，"他就像火镜一样集中精神思考着，很快就做出了决定。一旦做出了决定，他似乎就把这个抉择抛诸脑后了。"

---

① 范妮·弗恩（Fanny Fern, 1811–1872），美国专栏作家、小说家。

曾经有一个父亲，想要赎出两个在战争中被敌军抓去的儿子。他提出用自己的生命和一笔钱作为赎回儿子的条件，然而，敌军的首领是个暴君，虽然接受了那个父亲的请求，但只允许赎回一个儿子。这位父亲痛苦不已，恨不得马上献出自己的生命以便救出儿子，但又无法决定要救出哪一个儿子，因为救出一个就意味着宣判了另一个死刑。就在这位父亲挣扎、在两难中选择时，他的两个儿子都被敌军处决了。

在这个世界上，没有人可以帮助优柔寡断的人变得行事果断，唯一能做的只有从现在开始不再允许自己思虑过甚，一旦做出选择就不要再想了。即使有时会犯下错误，但也不要反复权衡，左思右想，耽误时间，既然做出决定就必须一锤定音，不再改变。只要养成这种果断抉择的习惯，即使只是为了果断而果断，在今后，这种果断处事的能力将让自己对判断变得越来越有信心，而且自己的独立判断能力也将越来越强。

"永远在两者之间犹豫，而不知道先做什么好的人，通常什么都做不成。"威廉·沃特[1] 说道，"那种做出了决定，但又很容易动摇的人，一旦有人反对就怀疑自己的决定是否正确，随时变化观点、改变计划，像风向标一样随风而变，反复

① 威廉·沃特（William Wirt，1772-1834），美国作家、政治家。

无常，那么，这样的人也会一事无成。我建议，这样的人还不如什么也不做。卢肯①认为凯撒纳谏如流，决断明智，目标明确，坚持不懈，百折不挠，因此，凯撒才获得了成功。"

哈姆雷特就是意志薄弱、犹豫不决的典型例子，经常要受现实和理想的煎熬。普通人看待事物没有那么复杂，所以很容易做出决定，而哈姆雷特则方方面面都顾及到了，因为想得太多，所以感到害怕、多疑、难以做出决定。哈姆雷特甚至无法确定出现在花园里的鬼魂是不是自己的父皇，他的这些优柔寡断，有时候是由思虑过度导致的，因此，很多饱读诗书的知识分子，几乎没有果断行事的力量。

优柔寡断的人，尽管在其他方面表现得很优秀，却常常受果断、目标明确的人左右。果断的人，很清楚自己想要什么，并毫不犹豫地用行动争取。没有明确目标的人，则往往屈服于果断的人的意志。

成千上万的人正是因为做事拖拖拉拉犹豫不决而失败；很多商人都是在关键时刻坚决地赌上一把，最后才获取巨富。

智者云："培养一个人的果断品质，属于道德和精神教育的范畴，应当列入人生重点培养目标之一。一个行事果断

---

① 卢肯（Marcus Annaeus Lucnus，39-65），罗马诗人。

的人，离'完美男子汉'便不远矣。"

"养成果断的个性很重要，那样，我们才能吃一堑长一智，将来在面对抉择时，能够更有经验。错误的抉择，跟不做任何抉择一样糟糕。一个总是做出错误决定的人，不管在知识水平上还是道德上，都会走上绝路。果断的人同样必须谨而慎之，尽量保证做出来的决定，是自己认真思考后的结果。"

"照亮一个人的道路比照亮整个世界现实，我们最好从小做起，量力而为。"

有时候，草率和鲁莽会给成功人士带来危机，但思前想后犹豫不决则能毁灭一个人的事业。

沙俄的尼古拉一世① 发现，在初步测量从圣彼得堡到莫斯科的路线时，负责这项工程的官员没有从技术的角度办事，反而将对个人利弊的考虑融入到了工作当中。于是，他下定决心要一刀切断这个戈尔迪之结② 。当大臣在众人面前摊开地图准备展示新方案时，尼古拉一世拿起一把尺子，在

① 尼古拉一世·巴甫洛维奇（1796-1855），沙俄皇帝，1825-1855年在位。俄罗斯诗人普希金一生的主要创作活动正好集中在尼古拉一世统治期间。

② 戈尔迪之结，源自古希腊神话，常被喻作缠绕不已、难以理清的问题。

这两个终点站之间画了一条直线，坚决地说道："铁路就按照此条线路修建。"于是，铁路就这样动工了。

安提坦战役① 结束后不久，林肯总统就对部下说："现在，马上就可以宣布解放奴隶了，不能再推迟了。"林肯认为此时取消奴隶制度已经是民心所向，并对上帝发誓，如果成功把李将军② 逐出宾夕法尼亚州，他马上就要通过宣布解放全国奴隶，来告知全世界北方胜利的消息。

如果一个人因为过去常常失败，就对自己做出的决定失去了信心，那么，他的性格只会越来越懦弱。

---

① 安提坦战役，是美国南北战争中的一次决定性战役。

② 李将军（Robert Edward Lee，1807-1870），美国内战期间南方联盟国最出色的将军。

第十一章

Tenacity Of Purpose

坚持就是胜利

莫因一时的挫败就放弃自己原本下定决心要达到的
目标。

——莎士比亚

世上的哲学不外乎两种：坚持或是放弃。

——埃皮克提图①

只要坚持信念，不断向前努力，所有困难都会被吓倒，
甚至连看上去不可能逾越的高山也将为你让步。

——杰里米·科利尔②

我可以证明，世上没有"失败"这个词。我已看透了世
上的"失败"例子。一个人唯一需要害怕的"失败"，就是
自己已然设定了目标却坚持不住。

——乔治·艾略特

---

① 埃皮克提图（Epictetus，55-135），希腊斯多葛派哲学家。

② 杰里米·科利尔（Jeremy Collier，1650-1726），英国喜剧评论家。

"永不轻言放弃，有变数的地方就会有机会；只要你抱有希望，让上帝在芸芸众生之中，听到你的心声，并助你迈向成功，只是前提是：不要放弃；永不轻言放弃。智者总是最勇敢的，他们知道上帝把最优秀的东西倒进一个杯子，然后区分出来，形成了一句约定俗成的密码：永不放弃。"

精明的面试官对前来应聘的 30 个人说道："前面那个记号是你们的目标，而你们要用手上的球击中它。现在，给你们每一个人 7 次机会，看看谁击中的次数最多。"结果，所有人都没有击中目标。面试官接着说道："我现在再给你们一次机会，明天再来，到时看看你们谁的进步最大。"

第二天，在面试现场，进来一个小个子，告诉面试官自己已经做好了准备。从第一球到最后一球，这个小个子竟然次次都能击中靶心。

面试官惊讶地问道：“你是怎样做到的？”

“因为我非常需要这份工作，这样我就可以帮助妈妈减轻负担，所以我昨晚在小棚屋里练了一整晚。”小伙子回答道。结果，毫无悬念，这个小伙子成功被录用了。这个小伙子为了达到目标，以坚持不懈的精神打动了面试官。

据说帖木儿[①] 在被敌人穷追不舍的时候，躲进了一间废弃的屋子，一个人在里面想办法逃脱敌人的追杀。他突然看到一只蚂蚁背着一粒玉米在艰难地行走。它一次又一次地想要越过眼前的障碍，却在快要到达顶峰时又摔了下来，就这样重复了69次。最后，在第70次的尝试中，蚂蚁成功地背着它的战利品越过障碍物。帖木儿从中得到了激励，又重新看到了胜利的希望。

失败是对人的毅力和意志力的最后挑战。一个人能否在失败面前坚持住，决定了他的一生是成功还是失败。

如果富兰克林·皮尔斯[②] 没有坚忍不拔的精神，美国历

---

① 帖木儿（Tamerlane，1336-1405），帖木儿汗国的奠基人，帖木儿帝国的开国君主。

② 富兰克林·皮尔斯（Franklin Pierce，1804-1869），美国第14任总统（1853-1857）。

届总统的名单上就不会有他的名字。当初，皮尔斯在律师行业起步，却遭遇了巨大的失败。尽管懊丧至极，皮尔斯却没有像大多数人一样选择了放弃；相反，他立誓要尝试到第999次，如果还不成功，就做出第1000次尝试。一个人有如此锲而不舍的精神，还有什么事情是做不到的？

"乔治敦、黎普列和巴达维亚的某些好人，歇斯底里地想要证明尤利西斯·S·格兰特[①]只是一个普通男孩。"汉姆林·加兰[②]说道，"这个男孩在13岁时，就带领一支队伍成功穿越600英里并安全到达终点；他凭借机械方面的天分，成功地将笨重的圆木头装载上马车；他坚持自己解出所有的数学问题；他从来不在背后说人坏话、撒谎、立誓或者吵架；他很擅长驭马，可以随意让马遛蹄或者漫步；他有真材实料，从来都不搞小把戏或文字游戏蒙骗别人。这样一个男孩，人们只要远远地看到他，也能感到他的与众不同，绝不会以为他是一个蠢钝无趣的人。男孩从不炫耀自己，所以别人根本不知道他有多大的本事。

————————

①　尤利西斯·S·格兰特（Ulysses S Grant，1822-1885），美国第18任总统（1869-1877）。

②　汉姆林·加兰（Hamlin Garland，1860-1940），美国小说家、诗人、散文家。

男孩的不凡，体现在其人格的魅力、姿态的稳重、天生的判断能力、从不拾人牙慧以及百折不挠的毅力。16 岁的时候，男孩就坚信退缩就是失败。只要他决定做什么事，开始任何旅行，都能善始善终。男孩勇敢无畏，果断行事，从年轻时就很有信誉且十分可靠，什么难题到手上之后都能解决。当男孩说'我可以做到'时，就在尽力完成的同时，已经想好了成功的办法。男孩的毅力和学识，总是与众不同。"

在一个充满焦虑的时代，画家弗兰克·B·卡朋特在白宫绘制《签署废奴宣言》时，向总统问道："您觉得格兰特跟其他将军比起来怎样？"总统回答道："他的不凡之处，在于能够坚持不懈追求目标。尽管抓到牛角，他也不会轻易行动，而一旦他介入进去，任何事情都无法将他吓跑。"

林肯在年轻的时候，便下定决心要成为公众人物，并和朋友讨论了自己的计划。"我曾经跟伟人谈过话，"林肯的同事、朋友格林说道，"我发现林肯也只是凡人。为了练习演讲，林肯每天走七八公里到辩论学会。'练习辩论'便是他计划中的一步，直至他成为了一个出色的演讲家。"

林肯曾找到格雷厄姆导师，咨询学习语法的建议。格雷厄姆说道："如果你想要成为公众人物，就必须学好语法。"

但是，到哪里找语法书呢？格雷厄姆告诉林肯，在六英里以外，有一家人有语法书。

"就这样，这个年轻人马上出发，步行至那个人家的住处，赶在夜深之前，借到了珍贵的柯卡姆语法书。借到书后，他一连几个星期都在研读这本书。他常常让朋友格林拿着书，背诵给格林听。一旦有什么不明白的地方，他就马上去请教格雷厄姆先生。林肯学习的热情感染了周边的很多人，格林常常借书给他，格雷厄姆则尽力帮助他解答疑惑，甚至村里的修桶匠也允许林肯到自己的店里生火看书。很快，林肯就把语法书中的内容全部掌握了。"

林肯说："如果那就是人们所说的科学，我还可以学习得更多。"接着，林肯很快就发现，只要坚持不懈，就可以攻克许多学科。

丹尼尔·韦伯斯特在年轻时，并没有显现出过人的品格。韦伯斯特就读于新罕布什尔的埃克塞特学院，仅仅待了很短一段时间后，他便辍学了。一天，邻居发现韦伯斯特在回家的路上哭泣，就问他为什么哭。韦伯斯特说，因为自己没有希望成为一名学者了。韦伯斯特的同学嘲笑他总是拖班级后腿，于是，韦伯斯特放弃了读书的念想，决心回家了。然而，邻居却认为韦伯斯特应该返回学校重新努力，看看学习究竟会有多难。于是，韦伯斯特回校从头开始学习，抱着不认输的决心，很快就让那些嘲笑自己的人心服口服，并超过班里的第一名，从此稳坐第一。

很多人拥有一个失败的人生，是因为他们没有坚持不懈地走下去。换句话说，他们在成功的身旁停下了脚步，于是错失成功。

在华府的专利局里，堆满了各式各样的接近成功的发明。如果他们的主人能够坚持多一会，再深入改进一点，他们就能碰触到梦寐以求的成功，他们的主人则会成为富人而不是穷困潦倒。

某寡妇谈起自己聪明但是散漫的儿子时，叹气道："他就是不能坚持把事情做好。"

德拉蒙德教授在集市上，看到了一座著名矿场的玻璃模型。矿场主花了十万美元在地底挖了一条长达一英里的隧道，想要挖出金矿。结果过了一年半，矿主还没有找到金矿，便放弃了寻找。后来，另一家公司在这条隧道的基础上又多挖了一码，便挖掘出丰富的矿物。同理，人生的金矿往往就在那一码以内。

人类历史上最有影响力并改变了世界的发明莫过于蒸汽机，而瓦特堪称"蒸汽机之父"。然而，就是这样一项伟大的发明，竟是在两百五十年前从蒸汽锅炉上得到的灵感。尽管最初的设备非常简陋，但基本原理却是一样的。如果古人也能从蒸汽中得到启示并坚持研究，那么，我们的工业历史至少要提前两千年。

丹尼斯·帕平① 在1688年就已经发明了高压锅，而汤姆斯·纽科门② 不久也发明了凝汽机。两人都站在引领机械革命新时代的门口，却让瓦特率先走了进去。瓦特改进了纽科门的凝汽机，并凭借自己的才智和耐心发明了蒸汽机。

电磁电报的原理，直至1774年才为人所知，而莫尔斯教授则成为了第一个利用这个原理造福人类的人。他在1832年开始实验，5年过后成功得到专利，接下来就是长时间的等待，直到1843年才勉强从国会那里得到了3万美元的拨款。莫尔斯用那笔钱拉了世界上第一条电报线，从巴尔的摩到华盛顿。也许，再也没有比电报这项发明更造福人类的了。

约翰·费奇③ 尽管贫穷，衣衫褴褛，孤独凄凉，受尽嘲

---

① 丹尼斯·帕平（Denis Papin，1647-1721），法国发明家。

② 汤姆斯·纽科门（Thomas Newcomen，1663-1729），英国发明家，蒸汽机的始祖。

③ 约翰·费奇（John Fitch，1743-1798），美国发明家、制表匠、银匠。

笑，被人当成疯子，被体面的大人物鄙视，被富翁所憎恶，但他和朋友们却依然没有放弃。1790 年，他们成功发明了汽艇，并在特拉华河上成功试水，顺风时速达 8 英里，逆风时速 6 英里。

曾经有很长一段时间，自行车都只用于杂技表演，直到添加了车链，多了一个车轮，增加了骑车的安全性，自行车才开始流行起来，不过还是少了"充气轮胎"。就是这样一个古老的方法，大大改进了自行车的性能，并使之成为了我们这个时代最时尚的娱乐运动和本世纪最美好的发明。

乔治·斯蒂芬森仔细研究了别人的错误并寻找办法解决，最终通过在细节上的较真，于 1815 年发明了切实可用且经济省钱的"帕芬·比利火车"。如果没有坚持不懈的精神，他则无法完成这项发明。然而，在他获得成功之前，根本没有人相信他。1830 年，他克服了所有困难，成功制造出"火箭号"火车头，和我们今天火车的原理基本一样，并从利物浦一直开到了曼彻斯特。

用燃料和水推动蒸汽机车在铁轨上行走，不是由斯蒂芬森首先想出来的，这些早就由特里维西克[1] 发明。只是特里维西克没有斯蒂芬森的坚忍不拔，他没有想尽办法改良这

---

① 特里维西克（Richard Trevethick，1771-1833），英国发明家。

项发明的缺点。不然，就是他而不是斯蒂芬森获得"火车之父"的名誉。

如果你天生恒心不足，那就靠后天培养吧。因为只要你有恒心，任何困难都会向你低头，任何敌人都会给你让步，怀疑和犹豫都要屈服在你的信念和信心之下。否则，拥有任何炫目的品质，都不能保证你的成功，反而很可能给你带去失败。

当格拉德斯通[①]先生到北英格兰考察时，一个普通工人从很远的地方专程来拜访他。格拉德斯通很亲切地与之交谈，并询问他的心中所愿。工人迟疑了一下，向首相抱歉后便大胆地说道："我大老远从布拉德福过来拜访您，是想告诉您我们那里的人对您和您带领的政府大致上都很满意，只是有一点，他们觉得您做事不够爽快。"格拉德斯通很友好地拍了拍仰慕者的肩膀，说："那你们应该继续敲门。"谈话就这样结束了，这位首相也没有因此而改变。

冯·毛奇[②]是有史以来最杰出的战略军事家，然而直到 66 岁才真正开始了他的事业。他出生于世纪之交，19 岁

---

① 格拉德斯通（Iliam Ewart Gladstone，1809-1898），英国首相。

② 冯·毛奇（Helmuth Karl Bernhard von Moltke，1800-1891），德国著名军事家。

就便成为了一名军官，直到 1866 年处于花甲之年，才晋升为普鲁士军队的长官。他在萨多瓦粉碎奥地利，将其赶出德国。4 年过后，这位寡言谦逊的古稀将军又击败了法国，重划了欧洲的版图。这位大器晚成的元帅并非一蹴而就，他的荣耀来自 51 年的积淀，也难怪像路易斯·拿破仑[①] 这样前无古人后无来者的伟人，也会败在他的手上。

我们往往只看到一个人成功的辉煌，却看不到他成功背后的失败和辛酸。

约翰·斯图亚特·布莱基[②] 认为，一个不懂得坚持的人，永远无法在这个世界做出什么成就。

惠普尔说道："陪审团的主席虽然果断、现实，是结合商人才智和正直品质的典范，但却不能理解那些与自己的智商和思想大相径庭的人。所以，乔特在辩护时，尽管已经在一个小时内把有关事实和法律方面的问题都说完了，却依然不住嘴，仍不停地重复说过的话，只不过用了比先前更加精雕细琢的语言加以表述。后来才知道，他是想通过这种方法

---

① 路易斯·拿破仑（Louis Napoleon，1808-1873）拿破仑的侄子，法兰西第二共和国的总统。

② 约翰·斯图亚特·布莱基（John Stuart Blackie，1809-1895），苏格兰学者。

直接击破陪审团主席的抵制心理，用三个小时击垮了阻碍其思想的防御。"

"'蠢蛋'这个词用在法庭上，无疑让律师原本精彩的辩护顿时黯然无光。多疑的陪审团主席脸上马上有了变化，写着大大的'混球'二字以作回应。然而，经过辩护律师五个小时声情并茂的演说，陪审团主席紧绷着的脸渐渐松懈了下来，甚至被辩护律师所感染，渐渐同意了他的观点。最终，辩护律师取胜了，陪审团的裁决是：'无罪释放。'"

美国文学小说里最浪漫的爱情故事，莫过于霍桑①的《红字》，作者那美丽的辞藻、丰富生动的表达和微妙细致的刻画，给读者带来了阅读的快乐，但谁也不曾想过这些都是作者经过了反复的推敲后，才满意地呈现到读者眼前。霍桑的笔记泄露了他天才的秘密，害羞腼腆的他，全靠努力和坚持才写出了如此动人心弦的文字。他把所见、所听、所触、所感全都用文字记录了下来，收集在自己的笔记本里，并贡献给了作品。

霍桑头脑里收集了成千上万的表达方式，并汇聚成河流，任由自己汲取，提炼出最生动美妙的文字。他的很多作

---

① 霍桑（Nathaniel Hawthorne，1804-1864），美国 19 世纪影响最大的浪漫主义小说家。

品都不为人知，被他厌恶地付之一炬，甚至在写出不朽的《红字》时，他仍然没有信心，认为这部作品会遭受同样的冷落。他在塞伦时，丢掉了海关的饭碗，曾有很长一段时间靠吃栗子和土豆为生，因为根本没钱买肉吃。在长达20年的时间里，他虽然默默无闻，却仍然坚持写作。

"天才的光芒遮蔽了世人的眼睛，没人看到他们背后的付出和坚持，他们跌倒了无数次，还能够站起来，成功和失败往往只在一念之差，有的人碰到了成功却毫无察觉，只要再深入一点，便可拿到珍珠，然而多少人竟选择轻易放弃！"

"把自己磨得更方正、更光亮吧！"理查德·C·特伦奇说道，"你的时刻总会到来。你不会永远都遭受冷落，建筑师总有一天会需要你，墙壁急需你为它增添光彩，甚至比你想要出人头地还要迫切。"

"1856年9月，我的人生开启了一个新纪元，"乔治·艾略特说道，"我开始写第一本小说。在我心里，写书一直是一个模糊的梦想，我曾经构思过小说的情节，各种故事都有，当然，这些全部都来源于自己切身的生活体验。然而，我总是想了个开头就没有再继续下去的勇气，在斯塔福德郡的一座小村庄里，住着好几户农民，他们相毗为邻……就这样，时间一年年过去，而我写小说的信心也随之消退，并逐渐失去了对未来的希望。我总认为自己没有写小说的天分，不会构筑故事，也不会组织对话，只有在描述方面写得还算比较轻松。"

"一天早上，我在思考第一本小说的主题。我的思维进入了梦幻状态，我想象自己在写故事，故事标题是'阿莫斯·巴顿神父的不幸'，这是《教区生活场景》的雏形，最初刊登在《布莱克伍德杂志》上，获得了很好的反响，几乎和司各特的威弗利小说齐名。"

如果说有谁把一生都献给了天之降大任，因为他无论遭遇多少挫折，身体状况多么糟糕，都坚持不懈地努力写作，直到 76 岁才把著作的最后一卷完成，那么，这个人非赫伯特·斯宾塞① 莫属。

《纽约先驱论坛报》创立之初，詹姆斯·戈登② 根本就没有时间招待来访者。每当有人想买一份《先驱报》时，他就用笔指向一叠报纸，让顾客放下铜币自己去拿。创办报刊的初期

---

① 赫伯特·斯宾塞（Herbert Spenser, 1820-1903），英国社会学家，社会达尔文主义之父。

② 詹姆斯·戈登（James Gordon Bennett, 1795-1872），美国《纽约先驱报》的创始人，著名新闻工作者。

比后来经营《论坛报》还要艰苦漫长得多，他常常连续一个星期每天工作十七八个小时，到了星期六晚上一摸口袋连一美元都没剩下。尽管如此，戈登并没有放弃自己的梦想，在新闻单位打拼了 40 年后，最终留给了儿子一家全世界知名的报社。

一个贫穷的伦敦男孩，决定主动向各个单位和公司推销自己，以谋得一份工作。他不怕困难，在一次次被拒后又重新敲响下一家公司的门。因为没有工作经验，也没有人脉关系，他碰了一鼻子灰，在这样的境遇下，大多数男孩都会感到灰心丧气，但是他没有选择放弃。一位老绅士得知男孩的故事后，非常欣赏他的勇气，并告诉男孩回家后给他写一封信，要尽力写得最好，看看能否帮助男孩。很多男孩就是因为字写得不好，或者错字百出或者逻辑不通，而遭到了招聘方的拒绝。然而，这个男孩写的信既整洁又简明扼要，写得很有水准。因为男孩证明了自己的能力和百折不挠的精神，最后，成功谋得了工作。

帕斯卡[①]的父亲禁止他学习数学，收起了任何关于数学

---

① 帕斯卡（Blaise Pascal，1623-1662），法国著名数学家、物理学家、哲学家和散文家。主要贡献在物理学上，发现了帕斯卡定律，并以其名字命名压强单位。

的书籍，甚至连提都不准提，而帕斯卡希望阅读数学书的愿望也因此被耽误。然而，尽管他没有得到任何的帮助，甚至连"圆周"这个词都不知晓，而是用自己的语言称之为"一圈"，在这种压力下，他还是靠自己的努力，发现了欧几里得的前 32 条定理，并用自己创造性的语言表述了出来。

博学多才的学者伊拉兹马斯[1]，在小的时候没钱买照明用的灯，就借助月光读书。很多伟人也是一样，凭借自始至终的勤奋，最终获得了成功。威廉一世[2]是德意志帝国的皇帝，起初，他没有显现出任何天才的迹象。他的魅力和能力来源于坚持，即使在自己登上最高宝座后，依然保持着勤奋朴素和诚实的作风。他的一个朋友这样评价道："每当我经过柏林的皇宫，无论有多晚，总能看到这位伟大帝王的身影在绿色灯光下工作。因此，我曾经对自己这样说道：'这就是能够在德意志称帝的秘密。'"

有人问鞋匠，成长为一名优秀的鞋匠需要多少年的时间。这位鞋匠回答道："6 年，过后，你就必须周游各地增

---

① 伊拉兹马斯（Erasmus Darwin, 1731–1802），进化论奠基人查理·达尔文的祖父，著名医学家、动物学家和植物学家。

② 威廉一世（William Ⅰ，1861–1888），德意志帝国的皇帝（1871–1888）。

长见识。"这位鞋匠拥有艺术家的灵魂。我把故事告诉了一位朋友,这位朋友问了另一个鞋匠同样的问题:"要成为顶尖的鞋匠需要多少年?""一生啊,我的先生。"这位鞋匠的回答更加耐人寻味,他无疑是补鞋行业里的米开朗基罗。

持之以恒,一定是所有成功人士都具备的品质。虽然他们可能在某些方面有所不足,或者性情古怪,缺点一大摞,但他们无疑都是坚持的能手。他们不会在任何困难面前退缩,也不会因为沮丧、灰心而放弃。他们享受单调枯燥的工作,挑战不可逾越的障碍,精力充沛,从来都不在工作时喊累。他们不在意得失,只想坚持自己要走的道路。持之以恒已然成为了他们的天性,就像随时屏住呼吸一样容易。

金钱、职业、影响力,这些都不是判断一个人是否能够坚持不懈的标准。做任何事情都能够持之以恒的人,通常都是目标明确、下定决心的人。清清喉咙,对自己说"我一定要坚持下去"吧!让"坚持不懈、目标专一"成为你的座右铭!每当你想起这句话,就能像战马听到军号一样振奋起来。

弥尔顿[1] 因为坚持著文论政而失明。他生活在黑暗中,

---

[1] 弥尔顿(John Milton,1608-1674),英国诗人、政论家,代表诗作《失乐园》。

却依然不忘捍卫自己的祖国，向全世界宣言道：我不违背上帝的指令，也不背叛心中的愿望；我重新打起精神，继续自己未走完的道路。尽管他双目失明，却依然"坚持不懈，勇往直前"，并在期间写出了不朽的诗篇。

"耐心等待机会吧，"卡莱尔[①]说道，"所有战场上的战士，都是在天时地利的时候取得了胜利。坚持到时机成熟，也就离成功不远了。"

只有上过很多堂课的人才可以称之为学者；只有一遍遍重复干过某样重活的人才算得上是苦力；只有种过农作物的人才可以算是农民；只有画了无数幅画的人才有可能成为画家；只有行过万里路的人才能称得上云游四方的旅者。

第十一章
坚持就是胜利
Tenacity Of Purpose

[①] 卡莱尔（Thomas Carlyle, 1795-1881），苏格兰散文家、历史学家。英国19世纪的著名史学家、文坛怪杰。

第十二章

The Art Of Keeping Well

长寿的秘诀

健康的身体是人生最珍贵的财富。

——艾默生

不能享受健康的人生是不完整的。

——Martial

真正的健康，是脚踏实地立于天地之间，自由自在呼吸来自天堂的空气，内心充满感激之情：感谢上帝创造了美好的人间，也感谢上帝给予了我们生命。

——T.W. 希金森①

做一个方正持重、性格温和的人，那么你的人生便是健康的。

——富兰克林

我身体很健康，并希望可以更健康；于是我吃药保健，所以躺在了这里。

——某墓志铭

水、新鲜空气和讲卫生，永远是我最主要的药方。

——拿破仑

我相信，每个人都能活到 100 岁。

——103 岁的 Dr. De Bossy

---

① 希金森（Thomas Wentworth Higginson, 1823-1911），美国作家。

"先生，您认为自己还可以活多少年？"杰克森医生问道。杰克森是一位著名医生，同时也是乔赛亚·昆西^①的私人医生。

"活到我下次再请医生过来给我检查身体的时候。"

"您上一次看医生是在什么时候？"杰克森医生继续问道。

昆西微笑道："86年前。"也就是乔赛亚·昆西的出生日！

法国某医学权威专家认为："很多人命数未到就先死了，其实他们便是杀害自己的元凶。"

---

① 乔赛亚·昆西（Josiah Quincy, 1772-1864），美国教育家、政治家、哈佛大学校长。

亨利·詹金斯于 1500 年 5 月 17 日在英格兰约克郡出生，享年 117 岁。他习惯一大早就起床，然后喝一品脱的白开水。他以冷盘肉和凉拌色拉为主食，并坚持每天都穿法兰绒的衣服，确保身体不着凉。他拥有很强的自制力，只有偶尔才适量地喝点啤酒。

汤姆斯·帕尔是英国历史上最长寿的名人之一。他生于 1483 年，88 岁时开始了人生的第一段婚姻，145 岁时还可以赛跑、打谷、劳作。他白天和晚上都只吃一些素淡的食物。为他立传的作家写道："他的离世要归咎于食物和空气的改变。他生活在农村时，那里的空气既新鲜又流通，然而，他却搬到了空气质量相对较差的伦敦居住，而且还不幸地住进了一位有钱人家。那家人以为吃山珍海味、喝上等红酒就可以让身体保持健康，延年益寿。吃惯了乡下清淡饮食的帕尔，身体消化不了营养如此丰富的佳肴，不久便感到胸闷不适，其实，这是他长期养成的饮食习惯一下子被打乱，而导致了身体系统出现紊乱。最终，身体机能的新陈代谢骤然加快，使得帕尔日渐消瘦，一看就知道没多少年可以活了。1635 年，他终于离开了人世，享年 152 岁。"

著名的古罗马医学大师盖伦死于 271 年，享年 140 岁。他的体质很弱，容易生病。他认为自己之所以能够长寿，是因为做到了严格节欲和保持心情平和。他的节欲守则是：尽管胃口还很好，也必须马上离开餐桌。

离波士顿 8 英里外的一座小城镇里，住着一位老绅士，已经是 81 岁的高龄，却依然身体健壮，精神矍铄。而且，他挺直的腰板，让无数年轻人都自愧不如。不久前，他去拜访一位老同学，这位老同学是一位比他年轻几岁的学弟。学弟对老绅士的体力和容貌感到吃惊不已。

"可能我看上去比实际岁数要年轻些，"老绅士解释道，"但实际上我已经不小了。就像上个星期，我跟往常一样去了一趟波士顿，我每个月都去一次，最后居然不得不坐车回家！"

"不得不坐车回家！"老绅士的朋友惊讶地重复道，"你不会是说你以前都是走路从波士顿回来的吧？"

"是呀，我才 81 岁嘛！"老绅士不耐烦地说道，"当然，我平常都是走路去波士顿，然后再走回家的。朋友，当时我坐在回家的车上就对自己说：'马丁·福斯特，如果你胆敢再偷懒坐车回家，很快你就会赖在床上不起来，并就此结束你的生命！'这就是我当时的感受啊！我才 81 岁而已，居然连从波士顿回家都要坐车！"

亚历山大大帝击败了印度国王波罗斯时，得到了一头曾经为国王英勇作战过的大象。亚历山大想把这头象献给太阳神，于是命人在大象身上写下祭辞："朱庇特之子亚历山大，将此头埃阿斯① 献给太阳之神。"350 年过后，人们发现这头身上写了字的大象竟然还活在人间。

居维叶② 认为，某些鲸鱼或许可以活到一千岁。

一只鹰走过了 104 个春秋，最终死在了维也纳；渡鸦的平均寿命达到 100 岁；天鹅据说能够活 300 年；鹈鹕也是很长寿的动物；曾有一只寿命长达 107 岁的乌龟。

凯撒时代的罗马，人民的平均寿命仅为 18 岁，而伊丽莎白时代的英国这个数字是 20。到了今天，罗马的人均寿命为 40 岁，英国则更高。法国从半个世纪前的 28 岁上升至今天的 45 岁。而在我们的国家，美国，我们可以自豪地说，我们国家的人均寿命超过了历史上有过记录的任何一个国家。

在漫长的历史长河中，人类在不断地探寻长生不老之法。据史料记载：古埃及的医师认为，经常服用催吐剂和多流点汗可以帮助人延年益寿，于是，全社会都把"多运动多流汗"作为时尚流行的养生方式。不仅如此，由于大家深

---

① 埃阿斯（Ajax），特洛伊战争中的希腊英雄，寓意勇敢。

② 居维叶（Georges Cuvier，1769-1832），法国动物学家、比较解剖学和古生物学的奠基人。

信一个人流汗的多寡，预示了这个人的健康程度，因此，亲友之间写信互致的问候语也由"你好吗"变成了"你流汗了吗"……

一个人越能强烈地鼓舞自己的自信心，越能相信自己有能力克服任何苦难。试问，还有什么比获得高贵荣誉更能让人信心百倍、浑身充满激情的力量呢？对于年轻人而言，走上荣誉铺就的道路就会充满希望，变得强壮有力，并且深信自己有能力应对任何突发事件……然而，一旦名誉受到损伤，就会让年轻人感到自卑、屈辱，成为精神上的残疾人，即使他们接受了最诚挚的道歉，那些巨大的损害也无法通过勤奋学习或顽强工作来弥补。

上帝通常把最珍贵的礼物留给身体强壮的人。不过这里的身体强壮并不等同于结实的肌肉或者魁梧的身材，而是指精力充沛、蕴藏着巨大活力的身躯。布鲁厄姆勋爵[1] 可以连续工作 176 个小时；拿破仑可以在马上连续颠簸 20 个小时；富兰克林 70 岁高龄，还可以到野外露营、做实验；格拉德斯通[2] 在 84 岁高龄时，还能紧紧抓住船舵，为国家引

① 布鲁厄姆勋爵（Lord Broughams，1778-1868），英国政治家。

② 格拉德斯通（Iliam Ewart Gladstone，1809-1898），英国政治家，曾任首相。

领方向，甚至还能每天步行几英里或砍下一棵大树……事实证明：只有蕴藏活力的身体，才能成就一番大事业。那些软弱、懒惰、优柔寡断、胸无大志的年轻人，最多只能依靠自己的运气或者父母的恩典过上体面的生活，他们当中极少有人能够成长为某项大事业的领袖。

在爱荷华州，一位官员将某花花公子带到警局，企图帮助这位可怜的公子，原因竟是因为他的腿长得实在太细，以至这位官员担心这位花花公子走不了路。想象一下，让这位看上去连路都不会走的人创业或者领导一个行业，将是一件多么滑稽可笑的事！当然，我们也不排除那些确实有身体残疾的人，成就了非凡的事业，但是我们知道，即使他们的身体残疾，他们的精神也无比强壮。

米开朗基罗的伟大之作，无不透露着罗马人对身体力量的热爱，无论是在天堂还是地狱，画中的人物都展现出了强壮的体魄。卡莱尔也曾问过爱丁堡大学的学生同样的问题："金条或者金钱可以取代健康吗？"回答是否定的，而且惊人地一致。有什么能比健康的身体更重要呢？卡莱尔本人的感受也是深刻的，因为他自己就因为身体不好受了很多苦。就在卡莱尔的胃开始出现功能性消化不良后，他的人生就发生了翻天覆地的变化。工作之余，卡莱尔经常谈论到自己的健康状况。

他认为，要不是经常胃痛，自己的人生本可以过得更加快乐。

俾斯麦亲王[①]则与卡莱尔相反，他可以一次性消灭掉12只熟鸡蛋、1夸脱啤酒、1夸脱香槟外加十几条香肠。不吃东西的时候，他就抽雪茄或者烟斗。约翰·卢伯克[②]男爵试图和蜘蛛巨怪比赛，看看谁更能吃。他若想赢得比赛，至少得在一天之内吞下2只牛、13只羊、12只体型相当的猪和4大桶鱼。呵呵，出人意料的好胃口给了他惊人的意志力和工作能力，也成就了他一生的事业。

脑力劳动者的食物构成，应该考虑到富含卵磷蛋白，能够补给大脑能量，能够激活大脑的思维活动。脑力劳动者需要多吃鱼肉、鸡肉、开胃小菜、五谷杂粮以及大量的蔬菜水果。脑力劳动者喜欢吃的烤牛肉和咸猪肉，只能使人体力充沛，不能补充大脑营养，在食用的时候需要用另外的食物借以补充。而体力劳动者则应该多吃一些能够增强肌肉力量、体力和耐力的食物，因为体力劳动者需要花很大力气来搬抬

①　俾斯麦（Otto Von Bismarck，1815-1898），德国近代史上杰出的政治家和外交家。

②　约翰·卢伯克（Sir Johm Lubbock，1834-1913），英国考古学家、生物学家、政治家。

重物。

还在读书的学生则需要补充提供给大脑营养的饮食，同时还需要营养的合理分配，以便能够照顾到肌肉的补给和维持身体的日常需要。活泼好动的小孩消化能力很强，消耗也很快，对蛋白质的要求比较多，更需要补充大量的营养以帮助骨骼、大脑和肌肉的生长。固体食物和流质食物不应该同时吃，因为人的唾液腺会分泌出足够的唾液，一旦饮用其他液体，唾液就会被稀释，影响食物的消化。肥肉和油酥糕点应当少吃，它们会给消化系统增加负担。

如果劳累了一天，就更不能吃得太饱，因为此时的消化器官状态不好，消化不了那么多的食物。不顾及自己的身体条件而胡吃海喝的人，甚至会危及自己的生命。某君到西部参加一次晚宴，放开肚皮吃了很多牡蛎、烤牛肉、火鸡、鸡肉、龙虾、肉馅饼、洋梅布丁、冰激凌、蛋糕、坚果、葡萄干……第二天一早，他被发现死在了床上，死因是"心力衰竭"。

颅相学家洛伦佐·N·福勒[1]教授活了85岁，他的长寿秘诀是："认真工作，同时也要放松心情，避免焦虑或烦躁。

---

[1] 洛伦佐·N·福勒（Lorenzo N.Fowler, 1811-1896），美国著名作家、颅相学家，美国第一本《颅相学》杂志主编。

尽情发挥你的才能，努力实现理想，但不要给自己太大的压力。保证一天三餐正常进食，多吃水果、坚果、五谷杂粮、鸡蛋以及牛奶。不沾酒，并保持一生滴酒不沾。不抽烟、嚼烟草或者吸鼻烟，并且坚持每天运动。记住，生活干净的人近于圣徒。不喝浓茶和咖啡，困时就睡，保证一星期休息一天。只要你能够做到这些，百分之一千的机会可以活到80岁以上。"

丹尼尔·韦伯斯特在约翰·亚当斯[①] 离世前不久看望了他，发现他衰弱无力地靠在沙发上，气息奄奄。于是，他对亚当斯说道："很高兴见到您，先生，希望您能尽快恢复健康。""啊，恰恰相反"，亚当斯虚弱地回答道，"我就像在时间的冲蚀下摇摇欲坠的房子，经不起一点风吹。事实上，我的房子离腐烂早已不远，但更可怕的是，他的主人，竟提不起一点劲去修补它。"

格拉德斯通先生和丁尼生男爵[②] 共同参加了一次盛大的宴会。据说，在宴会上，格拉德斯通，这位英国的前首

---

① 约翰·亚当斯（John Adams，1735–1826），美国第一任副总统，后又当选为总统（1797–1801）。

② 丁尼生男爵（Alfred Tennyson Baron，1809–1892），英国19世纪著名诗人。

相，很享受宴会上的食物，吃得津津有味，并且和旁人一起聊天一起大笑，生动有趣地讲述着轶事趣闻。丁尼生则一言不发，满脸忧愁，看上去觉得宴会无聊至极。这位桂冠诗人比格拉德斯通要年轻许多，人生还有很长的一段路要走，却如此不注重健康。他不停地抽烟，抽完一根就丢进垃圾篓，点燃另一支再继续抽。格拉德斯通则相反，他对健康很有研究，从来不与人发火，也从来不愁苦满面，也从来不会痛风。

"健康有三个法宝——水、空气、阳光，这些都是我们每个人可以拥有的。"沃尔特·惠特曼[①] 说道，"12年前，我跑到卡姆登等死。当我放松后，全身裸露，沐浴在太阳下，呼吸大自然的新鲜空气，和小鸟、松鼠做伴，与鱼儿在水里嬉戏，做了一个完完全全的自然人……让我意想不到的是，经过了一段时间后我竟然恢复了健康，是大自然治好了我的病。"惠特曼的故事可以用一句谚语来说明："大自然是最好的医生，只需甜美地睡上一觉，醒来后便神采奕奕。"睡眠是大自然最珍贵的礼物，上帝在造人的时候就慷慨地赠与了全人类。

"思想充实身体。"思想天生就是身体的保护者。神智健

---

① 沃尔特·惠特曼（Walt Whitman，1810-1892），美国著名诗人。

全、文明得体，懂得自律的人往往也懂得肉体和灵魂的和谐统一。纯洁健康向上的思想，对真善美的追求，对美好生活的追求，以及崇高无私的理想，都能作用于人的身体，使人更加健壮，更加美丽。贞洁、美德、虔诚、纯洁可以使人长寿；拥有崇高理想、体面生活、宽厚善良博爱之心的人，一般都比较长寿，反之，则很容易折寿。

消极的精神也会导致身体出现疾病，心生邪念也会让灵魂生出淋巴结核或者麻风病，并蔓延至肉体。那些性格软弱不定、头脑空洞的人，任由自己的身体状况陷入不幸的境地。无论是真理还是谬论，是美好的事物还是丑恶的现象，我们的大脑无不一一吸收。根据我们喂给大脑的食粮，它要么健康成长，善良诚实，要么腐烂发臭，畸化邪恶。

快乐的人常常拥有一颗纯洁的心灵。脾气暴躁、烦躁不安、不合群甚至充满痛苦的灵魂，无法获得健康与快乐。身体的健康和心理的健康，使人更加遵守社会道德。肉体、精神和道德这三者互相影响，紧密相连。放荡败坏的生活只会扰乱三者的和谐，从而缩短人的寿命。成功给我们的渴望或者理想带来和谐之音，促进了健康的体魄。

一个人如果找到了自己的人生位置，并且拥有一份喜欢的工作，那么他会过得更快乐，身体也就更健康。我们真心渴望的成功，是和快乐联姻的成功，是可以促进我们身心健康的成功。我们不仅仅在追寻心中的梦想，同时也在追求更加健康的生活。难道有人见过疾病缠身或是身患残疾或缺乏活力和决心的人，一夜之间得到神赐的力量，突然恢复健康并成就一番事业吗？

尽管古人并没有我们想象的那样迷信，但是他们很多人都相信："如果一个人还没死，那只是因为寿数未尽。一旦时候到了，就算是神仙也救不了。"虽然他们的宿命观根深蒂固，却不妨碍他们寻医问道、治病延年。乔希·比林斯[①] 就尖锐地指出了他们的矛盾："命运存在于蛇和青蛙之间的距离。也许我又说错了，但是如果青蛙没有被蛇抓到，那么，这个命运正是它所期望的。"

"如果一个人掉进了井里，却不想办法出来，那么他被困井底就不是宿命所致，而是如同把头发剪短一样，是其自愿的。但是如果他差点就爬了出来，却又摔了下去，而且摔到比原先还深 16 英尺的地方，并在同一个地方两次碰伤脖子，最后一命呜呼，尸体被井水浸过，这样的死法才是正儿八经的命中注定。"

亲爱的读者朋友们，如果不是亲眼所见，千万不要相

① 　乔希·比林斯（Josh Billings，1818-1885），美国著名作家。

信命由天定的说法。人不是机器，如果是的话，那也只能是"火车头"。命运在火车开动的铃声打响时，就已经脱离了轨道。命运是一种很容易医治的疾病，我曾经看过有人用一根绳子系在山核桃木上，就把所谓的命运打败了。

第十三章

Purity Is Power

纯洁的力量

谁能登上耶和华的山？谁有资格站在他的圣所？只有双手清白，心灵纯洁的人。

——《圣经·诗篇》

难道你们不知道，你们的身体是圣灵的神殿？我以上帝之名恳求你们，献上圣洁的身体是你们的义务，也是上帝所喜悦的。

——圣保罗

最难吓倒的恰恰是一颗纯洁的心。

——莎士比亚

纯净无瑕的灵魂，胜于洁白如玉的皮肤。

——A. 亨特

灵魂也会遭到霉菌的蚀虐；供奉神灵的灯火，也会被风吹熄。

——E.O. 史密斯夫人

热爱美德吧，她是自由的化身；她是通往天堂的导师，带你登上圣堂的顶峰，上帝的钟声敲响了，福音传遍了四方。

——弥尔顿

"如果让你再次入选议会，你能够保证不收我们的税吗？"一个脏兮兮的男人大声打断某苏格兰议员的演讲。

演讲者看着台下这位满脸煤灰、满手污秽的打断者，严厉地说道："朋友，请你先把自己洗干净再说。"

"我有一件有趣的事要告诉您。"一天夜晚，某军官走进联邦军营，兴奋地说道："这里没有女士在场吧？"

格兰特将军[①] 停下手里的工作，从一堆文件中抬起双眼，径直看向军官，然后慢慢地逐字逐句地说道："是没有女士在场，但这里有绅士在场。"

---

① 格兰特（Ulysses Simpson Grant，1822–1885），美国军事家，第18任美国总统。

乔治·W·蔡尔兹[1] 说道:"格兰特将军的最大特点,在于他的思想无邪。我从来没有听到其表露出任何不道德的想法,或者以任何形式暗示带有猥亵意味的事情。他说过的每一句话,都可以摆在女士面前陈述。他任人为德,如果是道德不过关的人,就算压力再大,他也不会轻易屈服。"

笔者还曾听说过很多关于格兰特将军此种性格的种种轶事。有一次,格兰特将军在国外某城市举办了一场美国式的绅士晚宴,席间有人特八卦,说起道听途说的桃色纠纷。格兰特将军便突然站了起来,说道:"先生们,请原谅我,我不得不先行告退了。"

对于男人而言,嘴巴干净和思想纯洁一样,是值得称道的。女人则应当远离邪恶,尤其在思想上不能有一丝的不洁。

艾萨克·牛顿在年轻时有一外国密友,是一位著名的化学家。他们经常保持着联系,直到一天,这位意大利朋友讲了一个下流的故事,从此以后,牛顿再不和他来往了。

只有思想纯洁了,才能算得上是高尚的男子汉。

一个人的思想,决定了这个人的一切。如果这个人坚持

---

① 乔治·W·蔡尔兹(George William Childs,1829-1894),美国出版商。

以宽厚为美德，那么他的成长也会跟着高尚一起进步。如果这个人心存邪念、思想毒化，那么他的灵魂也会跟着中毒。选择像鲜亮刺眼的毒蛇一样爬行在人群中的人，终究会祸害人间，然而，等待他的唯有死亡这一条路。

如果一名水手纠缠于肉体的欲望，他就会被关锁在甲板底下。"永远不要允许你的动物本性潜上船舱，甚至也不能让其潜入到最低等的船舱。"

"年轻人，将你的人生档案保持得清清白白吧！"约翰·B·高夫在费城的一次演讲会上呼吁道。就在这时，死神用手指捂住了高夫的嘴，这位杰出的演说家给世人留下了的最后一句话，却是浓缩了其所有教诲的精华。

心灵不纯洁的人，思想也不会纯洁，说出来的话也不会纯洁，整个人生也不可能纯洁。纯净高尚的人品，是人类的无价之宝。有时，我们会听到这样的评价："我很喜欢那个人，因为他很直率真诚，值得信赖。"

一位教授对自己的学生说道："如果我告诉你只有与世隔绝的人才可能保持纯洁的话，那么，我也不是一个称职的导师。那些为了保持纯洁，便与社会脱节的人，并不是我们所需要的人；那些即便在纷繁复杂的世界里，仍然能出污泥而不染的人，便是我们提倡和需要的人。即便身处最恶劣的环境当中，这些出淤泥而不染的人也能像纯洁的百合花一样傲然挺立，在金光灿烂的阳光下伸展自己洁白的花瓣；在散发着死亡的腐败气息中也能保持高洁和一尘不染。"

墨西哥湾的暖流就像河流一样穿梭在大海之上，船只只要经过便能感受到温度的变化：船头的水暖和，而到了船尾则变得冰冷。同理，纯洁高尚的人也可以做到穿梭在世俗和堕落之间而不同流合污。

当病重的威尔逊^① 总统躺在床上，即将离开人世的时候，他这样说道："如果我必须思考，必须行动，并投出我的选票的话，我会选惠蒂尔^②。因为我相信，他是这个世界上最为纯洁的人，他的灵魂纯洁得如同天堂。"

朋友问乔治·怀特菲尔德^③："你为什么那么勤快地洗澡，还勤快地洗衣服？"怀特菲尔德答道："我的朋友，这其实并不是一件小事。作为一位牧师，我的身上不可以有任何污点，就算是穿在外面的衣服也一样。"

要像抵制犯罪的冲动一样抵制邪恶的思想，一刻也不能

① 威尔逊（Woodrow Wilson，1856-1924），美国第 28 任总统。

② 惠蒂尔（John Greenleaf Whittier，1807-1892），美国诗人、废奴主义者。

③ 乔治·怀特菲尔德（George Whitefield，1714-1770），英国教士、福音传道者。

允许它们停留。一旦你的灵魂受到了污染，就算皈依宗教也无济于事。即便只看了一眼坏图画、一本坏书，原本平静美好的生活就从此被打破了。

在人类的大脑里，都放有一部留声机，会把所有听过的不道德故事记录起来，至死不灭。因此，千万不要让你的耳朵受到一次污染，否则你将受害终生，一辈子被这个污点的回放纠缠不休。医生告诉我们，构成人类身体的细胞大约每隔七年更新一次，然而，曾经映入眼帘的邪恶画面，却不会随之消失，它们就像埋藏在庞贝废墟底下的长达几个世纪的画，历久弥新，毫无褪色。

可怜的丹麦女王卡洛琳·马蒂尔德[①]即使在遭受囚禁的时候，也不忘为世人祈祷，在礼拜堂的窗上写道："噢，上帝，请保佑我一如既往地纯洁善良！愿世人都过得很好。"

南欧紫荆在长出叶子之前，会先开出花瓣，一簇簇鲜艳耀目的紫红色花朵吸引了无数昆虫的光顾。四处游荡的蜜蜂也不例外，想一品这些美丽花朵的琼浆蜜液。然而，前来采蜜的它们一只只都倒下了，原来花中藏有了毒液，在这盛开着娇媚花朵的树下，早已躺满了受害者。

---

① 卡洛琳·马蒂尔德（Caroline Matilda，1751-1775），丹麦和挪威的女王，英国皇家成员之一。

在波斯的拉尔河边，伫立着一块巨大的岩石，岩石上面有两个洞穴，相隔仅有几英尺。人们把这块巨岩称之为恶魔的山丘，因为曾经有人在其附近听到过一声可怕的低吼，久响不散，似是从巨岩深处传出来。通往地底的洞口，则萦绕着一股致命的毒气，没人敢冒险到巨岩底下一探究竟。在巨岩附近，常常有小鸟因为吸进洞口的毒气而丧命，还曾经有人看到过一头黑熊的尸体僵硬地躺在洞口。

就在社会的深渊，也盘踞着死亡的毒气，向四处弥散。

在这四处弥散着毒气的世界，只要不去吸入一丝的毒气，保持纯洁的自己，保持生命中美好芬芳的部分，本真的生命便不会随着毒气的吸入而消逝。否则，毒气便会像乌云一样吞噬你的灵魂。

各种罪恶都会带来惩罚，这是千真万确的！我们看到许多人被恣情纵欲蒙蔽了双眼，并因此堕入罪恶的深渊。当自然的平衡被打破，美好的感觉被摧毁，高尚和美好不再占有一席之地时，垃圾和糟粕便趁机留了下来。一个人失去了纯洁，也就失去了自我。

伊壁鸠鲁[①] 说："失去了道德，人便失去了快乐。"

---

① 伊壁鸠鲁(Epicurus，B.C.341-B.C.270)，古希腊哲学家、无神论者、享乐主义的伊壁鸠鲁学派创始人。

人类最可贵的珍宝，在于灵魂的纯洁。为了不让灵魂受到玷污，人不仅仅要注意言行，思想上也要干干净净。不论男女，在保持肉体清白的同时，也要注重灵魂的纯净。一个身处热病传染者之中的人，怎么可能不被传染到热病？如果心怀邪念，又怎能希冀灵魂不受污染？

天真就像青春，一旦失去，就再也找不回来。然而，纯洁还可以凭借努力和节制重新获得。

很多堕落都是从想象的罪恶开始，一旦罪恶的画面在脑中挥之不去，久而久之便在我们毫无察觉的情况下，自行编织成内容丰富的挂毯，诱导我们真正犯罪。想象，既能使人从善也能使人作恶，如果没能控制住，就连圣人也无法免疫。

一旦想象误入歧途，其力量非常可怕。很少有人意识到这种力量，以为一点点的污渍无伤大雅，殊不知仅此一次的宝贵人生就这样毁于一旦了。想象之中既蕴藏着祝福，也蕴藏着诅咒，它能塑造一个人，也能毁灭一个人。你有可能因为想象而变得高尚、快乐，也有可能因之堕落、落得悲惨的下场。没有什么能像想象一样把我们的命运玩弄于股掌之间。

彼得·利利就从来不看一眼粗俗下流的画作，以免自己笔下的艺术受到污染，自己的双手变成跟麦克白夫人一样，沾满了洗不掉的污点。

一天，亚瑟王盛宴圆桌骑士，讨论寻找圣杯的事宜（圣杯是古老珍贵的历史遗物，因为在人类的这片土地上充满了罪恶，很长一段时间都没有人见过圣杯）。他突然想起，只有纯洁无瑕的人才能看得到圣杯，于是要求众骑士发誓，同心协力寻找圣杯的下落。然而，兰斯洛特骑士已经不再纯洁，他已经屈服于爱情的诱惑，犯下了不可磨灭的罪过。

年轻人的首条戒律便是保持心灵纯洁，不要相信"犯罪是成长之必须"的鬼话。要相信，在这个世界上，没有什么错误是必须经历的事。弥尔顿说："邪恶产生于懦弱。"犯罪不是勇敢的表现，纯洁才是勇气、健康和力量的源泉。

"我们应该从小就教导孩子们保持纯洁的重要性，"H.R.斯托勒说，"然而，很多小孩从来都没有得到过这方面的指导，而他们若想在同龄人当中找到纯洁的榜样，也根本不可能。"

为什么没有思想、不会说话的植物却能开出散发毒气的花朵呢？

威廉·阿克顿①说道："我曾注意到，所有向我承认犯了罪的病人，在他们心里都埋怨家人没有从小就给予自己正

---

① 威廉·阿克顿（William Acton，1813-1875），英国作家、医师。

面的教导。这样的例子太多了，让我忍不住想要呼吁所有孩子的监护人、家长以及老师，应该重视从小教育孩子犯罪的危害。我恳切地希望家长们和监护人们能够耐心地、开诚布公地告诉孩子，让他们保持纯洁。"

某位著名作家说："小的时候不自爱，长大后即便改过自新了，也无法完全消除过去种下的罪恶。"

只有一种药物可以对抗恶念，那就是保持绝对清白的生活和纯洁的思想。罪恶的蜘蛛，最容易在懒惰的人家里结网安家。

我们太容易忘记生命的神圣性，忘记生命创造于上帝之手。我们每个人的人生都由过去和未来组成，清白做人将来才不会后悔。如果人人都明白这个道理，就不会因为贪图一时之快，而让自己的人生染上污点。

一个人只要下定决心，就可以抵制这些有毒的、能摧毁人的罪恶。年轻的人们，从你们松懈的那一刻起，就是在让病态和污浊入侵你们的大脑。或许你没有一点察觉，但天真已经丢失。家也不再是原来的那个家，从前跟父母姊妹谈笑自如的那种自信，现在已经演变成了尴尬和不安，因为你也不再是从前的那个你，你的思想受到了污染，失去了纯洁。过去无所不谈，嬉笑打闹，现在或沉闷不语或大动干戈。这是怎样的报应啊！失去了一切美好的感觉，对世间万物都心生厌恶，就连做祷告、做礼拜都感到厌烦！每一个人都要面对这样的选择：即是要保持生活的快乐，留住一切神圣美好的东西，还是任由自己的人生遭受毁灭？每个人都必须为此而斗争。

有一个羊倌看见一只鹰从悬崖峭壁上猛冲出去，直射天空。它飞得很高很高，最后渐渐招架不住，开始剧烈晃动。这时，鹰的一只翅膀终于折断了，掉了下来，接着另一只翅膀也同样从天而降。鹰急速下跌，摔到了地上。当羊倌寻找这只坠落的大鸟时，意外地发现一条小蛇缠绕在鹰的尸体上。原来蛇在鹰起飞前就已经爬到鹰的身上，只是鹰没有察觉。就在这只骄傲的万鸟之王一飞冲天时，小蛇将尖牙刺进它的皮肤，于是鹰旋落下地，粉身碎骨。这也是大力参孙的故事，许许多多的人都有过的故事。很多隐藏着的罪恶，其实早已蚕食着你的心，只是你未曾察觉。高傲的生命就这样永远掩埋在尘土中了。

某位知名作家说道："有一种人因放荡不羁、挥金如土、沉迷于肉体享受而臭名昭著。他们属于我所鄙视的类型，我甚至不愿意过多地描述他们，以免玷污了读者的眼睛。我只能说，他们是下体欲望的奴隶，沉迷于兽性的泥沼不能自拔。纯洁之士在面对淫贼荡妇时，都会选择敬而远之，因为他们呼出来的气体，足以玷污一个人的清白，而他们在荒淫无度过后，更是留下了一摊摊恶臭无比的脓液，将所到之处变成了人间索多玛。他们亵渎圣母，对任何贞洁的教诲嗤之以鼻。他们热捧霍利威尔街的垃圾文学，整日流连于酒馆、赌场等，而有教养的人耻于提及这些场所。天呐！他们的脚踝被复仇女神涅墨西斯拉住紧紧不放。我宁愿我的儿子因贫穷而死，也不愿意看到他陷入魔鬼的泥潭。"

一名可怜的堕落男子悔恨道："请再赐给我一颗纯洁清白的心吧！让我从头再来，走入正道！"

许多人宁愿将作恶的右手砍去，也要洗去身上的不洁。

如果告诉年轻人，荒淫无度对身体健康将造成不可逆转的伤害，我相信，他们一定能够很快抽身自爱，并对过去的自己感到厌恶和反感。事实上，伤害很容易造成，而且已经有很多人因此而受苦。只要偏离了正道一小步，一个人的人生就很可能就此毁灭，笼罩在惨兮兮的阴影中，甚至祸及子孙后代。

那么，请结交良师益友吧，千万不要和那些没有人生目标，或者对道德不以为然的人做朋友。择友对象最好选择身心健康，人生无污点，并且要有理想，有在这个世界做出一番事业、成为一个人物的人。你结交的朋友应该是光明磊落，可以带回家介绍给母亲姊妹认识的人。

杰里米·泰勒告诉了我们，保持清白，对一个人的精神和道德生活有着多么重大的影响。纯洁的思想和贞洁的肉体是智慧和坦荡之母。有节制的生活、天真的举动、优雅的仪态、细腻的心思、真诚的品质、毫无偏见的思想、对上帝和和平的热爱、严于律己、信心十足的人，比起那些沉溺于肉体快乐的人，更懂得精神的安慰。

某位神父利用古代中国的例子阐述了纯洁的真正涵义，并指出男性对女性实行的双重道德标准。神父说，在古代中国，女性一旦被人发现红杏出墙，对丈夫不贞，则要面临可怕得用文字都难以描述的刑罚。丈夫若出轨，则不用受到任何处罚。听完，某位穿着考究的教徒从座位上站了起来，走到神父跟前说道："神父，您今天给我上了一堂课，我永远都不会忘记的。您让我意识到，在这个世界上，并不是只有女人要保持自身的纯洁，男人也是一样。我过去从来没有这样想过，谢谢您告诉了我，我永远都会记得您今天所说的一切。"

因为性别不同而制定的双重道德标准，只会降低道德的约束力，男女犯下同样的罪恶时，男性可以逍遥法外甚至不受到谴责，而女性则要因此背上一生的污点。一个真正风气好的社会，应该给所有人都树立同样的道德标准，无论男女，都不允许其道德沦丧或思想堕落，否则，一旦吸入罪恶之毒，一辈子都无法彻底清除，尽管毒量不大，精神上却要受到影响，赔上下半生的幸福与快乐。

在东方，如果健康人靠近了麻风病人，麻风病人就有义务大喊："我有麻风病，不要靠近我。"如果全世界的麻风病人都能如此，警告没染上病的健康人不要靠近他们，以免被传染，那么，对于人类而言，这将是怎样的福音啊！

在非洲巴苏陀的语言里，"快乐"与"纯洁"同义。

在很多英语作家的书里，他们不用污秽粗俗的语言，却狡诈地使用暗示的手法，让读者联想到不道德的画面。这种作家是社会上最为阴险和危险的群体，他们不像那些露骨直接的作家公开发动进攻，让对方也有了防御的准备，他们是披着羊皮的狼，假装和我们称兄道弟，一起在花园里散步，然后神不知鬼不觉地将散发着毒气的花朵塞到我们的鼻子下面。

法兰西学派的文章和不地道的外国英语，有时就像是城市地底的下水道，把不三不四的表达和乱七八糟的作品都集中到了一起。"一想到那些解开外语封印，放出恶魔破坏英语纯正性的混蛋，我就恨得咬牙切齿，并为他们感到羞耻。他们是魔鬼的信徒，应该把法语的精华而非糟粕留给我们的子孙。他们引进了非洲的毒蛇，任由它们在我们的草原上肆虐，还把亚洲的狮子放进我们的森林，把印度的蜥蜴、蝎子以及大黑狼蛛饲养在我们的花园里。面对这些，我们犹可以逐一消灭，就像可以一剑砍断瘟疫，或者一刀刺死疟疾一样，但那些从法兰西传来的毒化思想呢，又有谁来消灭呢？"

"保持自身的纯洁性吧。"

一个浸润在纯真雨露中的人，对任何邪念都唯恐避之而不及。他们只要一想到或者听到有关邪恶的任何东西，就马上觉得染上了不洁，担心邪恶的影子会在自己纯洁的心灵上留下生长的土壤。"一旦失去了纯洁，便难以再回头了。"

费城某任市长曾说，只要让他彻底清除剧院里的烂片和书市上的坏书，他保证下一年劳教所里的青少年罪犯要减少三分之二。

英国政府某官员声明，几乎所有青少年罪犯都是在阅读不良书籍后才开始堕落的。

有的文章在字里行间透露出死亡的气息，有的则跳过溢美之词直接抨击丑恶现象，有的则巧妙地揭露邪恶，不用一个低俗的词汇，语言正式得体，明确地表明了意思却又不让人觉得有猥亵之意。然而，那些语言直白露骨的作品，则属于低俗文学的范畴。

这种作者用语言淡化罪恶，美化畸形人格。他们假装纯洁善良，其实思想早已受到了污染，并准备离开正义之路，踏进充满诱惑的罪恶道路。同样欲火焚身，道貌岸然的人比敢作敢当的人更为可耻。

年轻的朋友们，不论你们是男子还是女子，切记保持心灵的纯净！莫要丢失天真！那是上帝赐予我们最珍贵的礼物。一旦思想、感觉和想象能力受到了污染，任何肥皂都无法清洗干净。一旦失去了纯真，就是哭干了眼泪也找不回来。竖琴折断了，还可以修补；灯火熄灭了，还可以再点；然而，花朵要是被揉烂了，那真是回天乏术了。花朵的气味飘走了，谁还能将其收集？

第十四章

A Home Of My Own

成家立业

家庭成就人生。

——塞缪尔·斯迈尔斯^①

不管是国王还是农民，快乐之人总能在家中找到一份安宁。

——歌德

亚当的家在天堂，其后代中的佼佼者则生长于凡间的天堂。

——黑尔^②

一个强大的国家，尤其是共和制国家，是由千万个和谐家庭组建而成。

——西戈尼夫人^③

家，无论贫富，都是每个人的人生归宿。

——J.G. 霍兰德^④

幸福的婚姻为人生翻开了崭新的一页，赋予了其快乐和人生的价值。

——斯坦利教长^⑤

---

① 塞缪尔·斯迈尔斯（Samuel Smiles，1812-1904），英国19世纪著名的道德学家、社会改革家、作家。

② 黑尔（Robert Hare，1781-1858），美国化学家。

③ 西戈尼（Lydia Huntley Sygourney，1791-1865），美国女诗人。

④ 霍兰德（Josiah Gilbert Holland，1819-1881），美国小说家、诗人。

⑤ 斯坦利教长（Arthur Penrhyn Stanley，1815-1881），英国威斯敏斯特教堂教长。

所有的男人都需要另一半来平衡他们的天性，而一个受人尊敬的女性，正好能用爱完成这一工作。

——贝亚德·泰勒[1]

这份工作神圣而光荣，当园丁采下花朵时，愿它们都做好了下凡的准备。

——埃弗里特·麦克尼尔[2]

爱家的人是最快乐的。

——朗费罗

我的朋友，你的婚姻失败吗？这就要看你如何看待它了。就好比把两匹马组成一组，参加比赛。是输掉比赛，还是赢得奖杯？要看它们的配合是否默契。如果一开始就没有拴好绳子，它们跑到半路十有八九就会分开。

我们的婚姻失败吗？我问我的凯瑟琳。她看我的眼神让我惭愧不已，她说："施特劳斯先生，请跟我来。"然后，她带我来到了床边，那张矮床是我们祈祷的场所。她微笑着问我："你认为这里有什么是失败婚姻的产物？"

——雅克布·施特劳斯，《波士顿导航报》

---

① 贝亚德·泰勒(Bayard Taylor, 1825-1878)，美国诗人、文学评论家、翻译家、旅行作家。

② 埃弗里特·麦克尼尔（ Everett McNeil， 1862-1929 ），小说家。

娶妻不是为了炫耀，而是为了幸福。

——伯克①

让我们称颂母亲这份工作吧！世上唯一的皇后就是母亲，她坐在摇椅这张宝座上，旁边跪着一个满头鬈发的小东西，把柔软的小手放在洁净的前额上，甜甜地说道："现在我要睡觉了。"母亲拥有大地的力量，孕育了一个又一个生命。自由的女人啊，她必定与上帝同在。在她天性的最深处，回荡着爱的声响，如此纯洁，充满耐心，就连时间到了里面也停下了脚步歇息。上帝派来侍女说道："你与上帝同在。"

——弗朗西斯·E·威拉德②

---

① 埃德蒙·伯克（Edmund Burke, 1729–1797），爱尔兰政治家、作家、演说家、哲学家。

② 弗朗西斯·E·威拉德（Frances Elizabeth Willard, 1839–1898），美国教育学家、妇女参政论者。

孩童是刚从伊甸园采下的花朵，移植到人间的沃土，受人类的浇灌照顾。它们需要爱的阳光照耀，需要同情的泪水滋润，并在永不懈怠的关怀照料下，才能得以茁壮成长。

男人啊，如果用钱就可以买到一个家，那就不要爱惜钱包了。如果你得到了一笔意外之财，那就用它给自己买一个家吧。

任凭旁人如何引诱，千万不要把自己辛苦挣来的钱花在赌注上。有了钱，首先要用在家人的身上，剩下的才能做其他用途。花钱组成一个家庭后，就不能再卖掉了。

西德尼·斯密斯[①] 说过："爱与被爱，是人活在世上最大的快乐。"

---

① 西德尼·斯密斯（Sydney Smith，1771–1845），英国作家。

"美是伟大的。然而，与家人之间的爱比起来，服装之美、房子之美以及家具之美就像是廉价的装饰品，微不足道。"霍尔姆斯说道，"一整船豪华贵重的家具，都比不上一茶匙的真爱。一个和睦的家不是用典雅华丽的家具堆砌出来的。"

杰里米·泰勒说："与单身男女相比，成了家的人更有安全感。虽然他们的生活没有因婚姻变得轻松，但的的确确少了很多危险。尽管随之而来的麻烦事也会越来越多，但有了家，就意味着拥有更大的幸福。家庭生活虽然会磕磕碰碰，但也充满了快乐。虽然负担更重了，但得到的支持和关心也更多了。于是，负担也成了一种甜蜜。婚姻是人类社会存在的基础，没有了婚姻，就没有了国家，更不会有城市和教堂。"

拜伦生长于一个不幸的家庭，他的母亲脾气十分暴戾，这使得拜伦终生不得快乐。他嘲笑纯洁，怀疑世间一切的美好，不屑于神圣高尚的事物。不难想象，出生于这样的家庭，他会挥金如土、放荡不羁。

我曾听过很多人的演讲，内容都在阐述男人是什么。那么，女人呢？在别人给出一个确切的定义前，我想先告诉你们我的看法——女人是上天赐予凡间的礼物。她们多愁善感，连上帝都摸不透她们的心思；她们天生善于打理家庭，既调和了社会矛盾，也给世界带来了和谐，增添了快乐。过早失去母亲的男人，很难明白女人的价值，除非在他们遭遇巨大危机之时，妻子挺身而出成为他们坚强的后盾。此时，他们或许能理解女人的价值。

一个男人和一个女人永久结合在一起，彼此之间建立起来的关系，是其他任何人与人之间的关系都不可比拟的。

拉斐特将军[①] 在美国的时候，认识了两个年轻人。将军问其中一个年轻人："你结婚了吗？""结婚了，先生。"年轻人答道。"幸福啊！"将军说道。然后，他又问了另一个人同样的问题。"我现在还是单身。"对方回答说。拉斐特将军说："真是个幸运儿！"

如果一个人因为担心婚后生活不和谐而选择单身，他就把自己的幸福断送在了琐碎无谓的忧虑上了。这样的人，与那些自以为聪明、为了避免鸡眼而把双腿切掉的人没有任何区别。

有很多好人虽然没有结婚，但在外人看来他们的人生还算成功。但是，只有真正了解他们的人，才知道其实他们的人生并不完整。

---

① 拉斐特将军（Marquis de La Fayette, 1757-1834），法国军事家。

　　很多醉心于演艺事业的女孩子，梦想着有朝一日能成为像卡尔维①　一样的明星。在她们看来，那样才会拥有天堂。然而，备受崇拜的卡尔维是否觉得自己已身处天堂呢？不久前，一位记者采访了卡尔维，问她对年轻有才华、希望从事歌唱事业的姑娘有什么建议，这位歌剧舞台上的常青树回答道："回家补袜子吧。干其他什么都好，就是不要投身演艺事业。舞台并没有快乐可言，只有绵延无期的焦虑和担心。如果没有嫁给艺术事业的决心，就不要从事这个行业。艺术家是不应该结婚的，因为一旦站在舞台上，她永远不会成为一个好妻子。因为，她的心已经分成了两半，而任何男人都无法忍受这一点。所有的丈夫都希望妻子为自己而生，没有男人愿意看到妻子的名字出现在广告牌上，更不愿意看到妻子的画像挂在每家每户的窗户上。作为丈夫并没有错，只是作为艺术家的女人不适合当妻子，她是为艺术而活的。所以，我要劝告那些梦想成为明星的女孩子们：'好好待在家里学习女工针织，好好念书，找份教书的工作，然后嫁为人妻吧！不要痴迷于舞台的光彩。'"

　　"家！多么迷人的字眼啊！虽然只有一个音节，却能激荡出如此美妙的旋律——孩子的笑声、熟悉的脚步声以及充

---

　　①　卡尔维（Emma Calvé，1858-1942），法国歌剧女高音歌唱家。

满爱意的温柔话语。"

一个作家说道："'家'这个词，唤起了人类心底最温柔的情感。亲人朋友、山丘岩石和溪水里都响起了爱的旋律。难怪人们要用最圣洁的竖琴奏出'家啊，我可爱的家'。"

卢瑟是一个感情丰富的男人，说起自己的妻子，他讲道："即使用全世界的金银珠宝作为交换，我也不会为了摆脱贫穷而放弃自己的妻子。"

一位黑人老先生说道："女人的爱，就像印度橡皮，你拉得越紧，它伸得越长。"

女人的爱甚至可以超越死亡，让人在逆境中崛起，使世间一切的自私自利黯然失色。不幸无法打败它，仇恨无法离间它，诱惑也无法摆布它，再恶劣的环境也无法影响它，它只会一如既往地纯净甜蜜。它是儿童和病人床边的守护天使，是人生道路上的忠诚伴侣。在崎岖的人生路上，送上一杯沁人心脾的琼浆玉液，化解你心中的困惑，坚定你前进的步伐。家庭之爱，温柔地包围着摇篮和墓地，把神圣而美好的回忆，留给爱人。

拉斯金说："爱上了不该爱的人，将会产生许多痛苦。"

只有不断地寻找，才能找到真命天女。她不是展示品，陈列出来即能看到；她也不时髦，甚至不富裕。但是，她有一颗善良美好的心灵。当你找到她时，你就会发现她纯洁而又端庄。认识她后，你不再那么看重一个女子是否拥有时髦漂亮的外表。等你得到她的爱情后，你会觉得口袋里的两千块钱变成了几百万元。她不会要求坐马车，也不索要豪华别墅；她衣着简单朴素，会在不同的场合穿上相应的服装；她会把你的小阁楼整理得井井有条，打扫得干干净净，让你觉得低矮的阁楼突然变高了；一回到家，你就能得到温情的欢迎。她只需要花一美元，就可以让所有好朋友开开心心；她还会时不时地将自己的新想法告诉你，让你惊叹不已，令你感叹原来快乐是用金钱无法买到的幸福。她总有办法让你爱家（如果这样还不爱回家的男人，一定很没良心），让你不再以批评的眼光看社会，反而变得对社会充满同情。这个社会虽然贫穷，却爱装点门面，假装幸福。

与娶聪明冷漠的冰雪美人相比，娶大大咧咧、热情开朗的傻姑娘要明智得多。对于男人而言，最幸福的事情莫过于娶到一个感情丰富、理解你、欣赏你、能与你进行精神沟通的女子。并且，这样的女子都很专一，感情持久，能与丈夫白头偕老。

现在，在美国，最真诚、贴心的好女孩都来自不太富裕的家庭。她们的父母给予她们的不是昂贵的奢侈品，而是爱和关心。同样，最好的妻子通常来自中产阶级的家庭。因为，她们已经从父母那里学到了爱的真谛，会成为一名好妻子、好帮手。不仅如此，她们还深明待客之礼，并烧得一手好菜，更懂得作为妻子和母亲应该具有的责任，以及这两个身份所包含的意义。

善良女子的爱情，比金银财宝和社会地位更有价值。一年三百六十五天，男人每天都可以享受到爱情的甘露。没有钱，我们还可以省吃俭用地过日子。但是，爱却一分都不能少，也不能太过。

西奥多·帕克①结婚后，在日记中写下了婚后生活的十条准则：

> 除非有很好的理由，永远不要违背妻子的意愿。
>
> 为了妻子而努力工作。
>
> 永远不要责怪妻子。
>
> 永远不要对妻子发火。
>
> 永远不要用命令的语气和妻子说话。

---

① 西奥多·帕克（Theodore Parker, 1810-1860），美国神职人员，新英格兰先验主义者，废奴主义者。

鼓励妻子皈依宗教。

分担妻子的工作。

容忍妻子的小毛病。

永远和妻子站在一起。

不要忘记为妻子祈祷，因为可以得到上帝的

祝福。

帕克笔下这十条金科玉律堪比古老的《摩西十诫》，全部都基于一个字——爱。爱不仅完善了犹太人的基本法律，更使两性间的婚姻生活变得美满幸福。

女人的心就像用隐形墨水写出来的信，看上去空白无情，实际上只要你给予足够的温暖，就会看到一封充满爱意的情书。

P.T.巴纳姆夫人说道："夫妻间的很多摩擦，大多源于女人无法理解丈夫那些复杂的想法、感觉以及心情。女人和男人拥有不同的思维方式和情感感受，如果妻子能够认识到这点，并接受这个事实，就可以避免很多不愉快。通常情况下，品格高尚的男人都懂得珍惜爱情，但爱情并不是男人的全部。然而，不幸的是，对于女人而言，她们生活的意义就在于对丈夫的爱。离开爱情的女人，很难生活下去，即便只是一小会。

"爱情给女人的思想涂上了一层颜色，影响着女人的一举一动。可是男人却不一样，他们可以长达几个小时将挚爱的妻子抛诸脑后，相比之下，任何一位妻子都无法做到这一点。男人的这种行为源于他们的本性，并非是对妻子的背叛。然而，女人常常不能理解，以为丈夫不爱自己了，便絮絮叨叨地责备丈夫，这一点恰恰让男人非常厌烦。

"有时候，男人也会心不在焉、沉默不语，但并不一定表示他对妻子冷淡或厌烦了。或许，他只是心情沮丧，并未觉得婚姻不和睦。或许，他只是心情烦躁，才会对妻子挑三拣四，而并未真的生妻子的气。请相信，我绝不是在为男人开脱。当然，他们也有错，没有尽到做丈夫的责任，没能照顾到妻子的心情，常常忘记维护幸福婚姻的基本准则。在这里，我只是为你们的幸福着想，提醒你们上述所说的情况因男女之间的差别所致，并非你们的过错，如果为此伤心欲绝甚至加深误会，则显得很不明智。"

撒克里说道："亲爱的侄子，请千万记住，一定要找一个性情开朗的妻子。"

想要婚姻幸福，夫妻双方最好拥有同样的生活品位、共同的愿望以及理想。如果丈夫是个文盲，而妻子却受过良好的教育，那么，在夜幕降临之时，他们之间又有什么交谈之乐呢？

"如果恋爱时，女孩子就发现了未婚夫的种种不足，婚后，她必定会经常责骂丈夫。婚前不能和睦相处的恋人，婚后的日子将会更加难以相处。"

约翰逊博士说道："恋爱中的男女，很难真正了解对方。为了讨对方的欢心，他们常常掩饰自己的真实脾性和欲望，变得百依百顺。举行婚礼的那天，新娘子蒙上了一层面纱，双方甚至连彼此的脸都看不清楚，婚礼被过分地诗意化，任由欺骗继续上演。最终，幻想突然破灭，彼此都产生错觉，以为结婚后对方就变了。这种不大诚实的恋爱游戏，就如雅各布的故事一样。男人发起追求的攻势，女人最终答应了求婚。"

如果你们打算结婚，我建议你们彼此开诚布公。在热恋的时候，最好不要隐瞒自己的缺陷和不足。否则，结婚后，才让对方看到自己性格或身体上的缺陷，很可能让他或她心生后悔。把真实的自己完全展现给对方，要比半真半假、遮遮掩掩更加明智。两个人成为婚姻伴侣，不仅仅要欣赏彼此的优点，更要包容彼此的缺点。因此，恋爱时，不要做作，让对方看到真实的你。

一位有趣的老太太对侄子说："亲爱的侄子，如果你想步入婚姻的围城，又想得到幸福，就必须在心头上悬两把刀。""两把刀？"侄子吃惊地问道。"是的。"老太太接着说，"你要一忍再忍。"

"恋爱的时候，我告诉你要睁大双眼。"有人在儿子的婚礼上说道，"现在你结婚了，我则希望你能睁一只眼闭一只眼。"

在美国，客厅装修得很有品位的家庭，厨房一定会比书房华丽。因为，聪明的丈夫都知道，糟糕的早餐不利于一天工作的开始，他们也不希望辛苦工作了一天，回到家却吃不上一碗热饭。

我认为，立法规定"厨艺不过关的女孩不准结婚"，这实在是一个好主意。在结婚前，应该让女孩们通过一项考试，证明她们掌握了烹饪的技巧。一旦考核不过关，则不允许其结婚。

娶到一个与自己有相同语言、教育背景且善于理财的女子，比娶到一个开口闭口都是外语、多才多艺的小姐更能增加男人的幸福指数。

"早上，如果餐桌上有鲜美多汁的羊排或质嫩爽口的牛排，这样的家庭一定会非常幸福。同二十个不精厨艺的女人相比，一个善于烹饪的女人更能促进社会的和谐。"

男人劳累了一天，希望回到家后看到一个干净温暖的住处。在这里，他可以忘记外面世界的种种烦扰，尽情享受家庭的快乐。如果妻子不能做到这一点，那只能祈求上帝帮助她那可怜的丈夫了。因为，他与无家可归者相差无几。

如果我们能把阳光带给陌生人，为什么要把乌云带给自己最亲的人呢？是因为我们在外面浪费了太多的笑容，回到家后就只剩眉头紧锁的愁容了？还是因为我们在外面把好脾气都用完了，回到家后就对家人发火？抑或是言语尖酸、口不择言做起来更加容易，所以，我们宁愿为外人费力控制自己的情绪，也不愿意为家人这样做？

母亲既能让世界变成伊甸园，也能使之变成一片荒漠。

"一个已为人妻母的女人，如果她自身魅力十足，又生活在热闹繁华的地方，通常会花很多时间在社交活动上。她的丈夫一定会因此夜不归宿，她的儿子到了15岁以后，也会跟父亲一样养成晚上不待在家里的习惯。同样，他的其他孩子长大后，也不会喜欢回家。一天，这位妻子突然醒悟，认为自己有责任让丈夫和孩子养成晚上回家的好习惯。于是，她想出了很多有趣好玩的游戏，还给孩子们讲故事。直到一天早上，她的儿子对父亲说道：'您昨晚要是在家就好了，我们昨晚玩得可开心了。母亲还给我们讲了很多有趣的故事。'此后，儿子每天都跟父亲描述前一天晚上的家庭活动。于是，身为一家之主的他下定决心回家一看究竟。最后，连丈夫也被妻子安排的活动给俘虏了。从此，这位丈夫每天晚上都能准时回家，还与妻子一起构思更多的活动。就这样，这位成功的妻子和母亲，如愿以偿地拯救了丈夫和孩子，同时也拯救了自己。难道经营家庭不是一项事业，不值得所有女人花这样的心思吗？"

真正的家留给人的回忆，应该像"悠闲老店"一样美好。

亨利·沃德·比彻夫人在《我所认识的亨利·沃德·比彻①》一书中，收录了一篇名为《夫人们的家庭日记》的文章。在那篇文章里，比彻夫人记录了她和丈夫在布鲁克林的生活。

那时，比彻在普利茅斯教堂里当牧师。每天早上，祈祷完毕，吃完早餐，比彻就会去教堂学习。比彻夫人说道，虽然她手头上有很多工作没有完成，可心里还是觉得空空的。因为她已经习惯了丈夫在家里学习，听不到丈夫时不时叫她

① 亨利·沃德·比彻（Henry Ward Beecher, 1813-1887），美国牧师、雄辩演说家。

拿这拿那的声音，可怕的孤单感便爬满了她的心头。

"不到一两个小时，"比彻夫人说，"我丈夫就回来了，马上就看出我心事重重。"

"亲爱的，没什么……"比彻夫人看到丈夫一脸焦急地询问，回答道。然而，丈夫却坚持想知道妻子的心事。

"我也不知道怎么了，只是觉得现在的生活很奇怪。你去教堂后，我就觉得我们分开了，好像吵了一架似的。你一定觉得我很傻吧。"

丈夫开怀地笑道："那我就和你一样傻。我也有同感，所以忍不住跑回来确认我们是不是吵架了。"

丈夫认为他们必须克服这种愚蠢的想法："我不知道我们是不是太孩子气了。不论是在工作还是在生活上，我们太亲密无间了。"

"在他生命的最后几年，"比彻夫人继续写道，"我们比任何时候都更加恩爱，没有时间观念，仿佛世界都静止了。"

"你应该学会在上流社会人家做客时，跟在自己家里一样放松。"某时髦女子对其老实巴交的外甥说道。"那很容易，"外甥回答道，"只要我天天都跟老婆孩子在一起就行啦。"

男人为家庭做出了太多的牺牲，他们的时间、体力、知识以及人生经历。他们愿意把所有的金钱用于补贴家用，为此，家人应该用更多的爱回报男人的付出。

"家，不仅仅是身体的歇息处，更是心灵的避风港。在家里，爱有了生长的土壤。孩子也能获得最早的启蒙教育，并学会如何爱别人。孩子们在家里玩耍，大人携手笑对生活的艰辛，生活时时祝福着他们。无论你有多大的抱负，也不能忽略家庭幸福。如果家庭都不能给予我们快乐，我们在哪里都不会得到快乐。一家子围着火炉的幸福画面，就是对幸福家庭最好的阐释。"

西奥多·帕克认为："男人和女人，尤其是年轻男女，极少懂得把两颗心真正结合到一起，即使是海枯石烂的恋人也不例外。因为，人天生不欢迎突然的变化。然而，婚姻会慢慢改变双方。在婚姻的磨合中，幸福的夫妇会重新堕入爱河。所以，新婚夫妻无法理解金婚夫妇的爱情。年轻时的爱是谷穗、是花朵，像丝绸一般柔软和顺。在岁月的磨砺下，谷穗结出了种子，一粒粒饱满、成熟的种子。早晨的爱是美丽的，带着羞答答的绯红，渐渐就会变成紫红色、紫色、金色，如同新升的太阳，预示着一天的希望。黄昏的爱情同样动人，相互回忆着美好的记忆，就像天上的彩虹，连接着凡间和天堂。"

约翰·劳伦斯男爵是如何看待家庭的，我们可以从下面这条轶闻中找到答案。在位于索斯盖特的那个家中，劳伦斯和家人一起坐在客厅里读书。突然，他把深埋在书里的头抬了起来，向其中一个女儿问道："妈妈去哪里了？"女孩回答道："上楼去了。"于是，劳伦斯接着看他的书。几分钟后，他又抬起头来，再次问女儿同样的问题，得到了同样的回答后又低下头看书。就这样，当他第三次抬起头准备再问一次时，他的姐姐笑道："说实在的，约翰，你究竟怎么了？好像和你老婆分开五分钟都不行呀。""所以我才娶她啊。"约翰回答道。

德国著名的毛奇将军和一位姓伯特的英国女孩结了婚，婚后生活很幸福。1868 年的平安夜，伯特夫人离开了人世，毛奇将军特地为爱妻在克莱骚建造了一座陵墓。陵墓建在山丘之上，四周绿树环绕，郁郁葱葱。陵墓的小教堂前是祭坛，安放着伯特夫人的棺椁。简单朴素的橡树棺木里，保存着毛奇将军爱妻的遗体，永远安息在落叶的包围之中。教堂的半圆壁龛上，雕刻着耶和华的塑像，一直为伯特夫人的灵魂祈福，上面刻着："爱，完善了人间的律法。"

毫无疑问，亨利·巴特尔·弗里尔① 的妻子对丈夫助人

---

① 亨利·巴特尔·弗里尔（Henry Bartle Edward Frere，1815-1884），英国殖民地军官。

为乐的精神深有体会。有一次，她专门坐车到火车站迎接丈夫，吩咐侍从帮忙寻找丈夫。因为侍从是新人，没有见过将军。于是，他问道："我怎样才能知道哪位是将军呢？"弗里尔夫人答道："噢，你只要看到一个正在帮助别人的高个子军官，就对了。"侍从很快就找到了将军，因为将军当时正搀扶着一位老妇人从车上走下来。

德拉蒙德教授认为，德怀特·L·穆迪[①] 的伟大之处在于：当你问他，除了个人的抱负和信念，还有什么促使他成功，让他完成自身的价值，并对生活感到心满意足时，穆迪先生回答道："穆迪夫人。"

德拉蒙德教授不仅仅指出了穆迪夫人对丈夫事业和生活的巨大帮助，也说明了穆迪本人对妻子的感谢。他心里明白，没有妻子这个强大的后盾，他不可能获得现在的成功。穆迪要让世界知道，他的成功有穆迪夫人的一份功劳。

德拉蒙德教授认为穆迪公开感谢妻子、肯定妻子的付出，是件了不起的事情。

教授的观点是正确的。世上有很多男人在得到妻子家财产的援助下，才得以发达，但很少有人愿意承认。尽管

---

① 德怀特·L·穆迪（Dwight Lyman Moody，1837-1899），美国传教士，建立了穆迪教堂。

得不到丈夫的公开承认，妻子还是愿意默默地做丈夫身后的女人。

著名法国作家都德① 学习美国传教士，公开承认妻子为自己所做的牺牲。

"我必须承认，"都德对一个朋友坦白道，"在我的文学创作过程中，我的妻子可谓是劳苦功高。她一遍一遍地细读我的作品，给予我所有细节上的建议。她是世上最可爱的人，博学多才，且富有同情心。"

英格兰国王亨利六世② 唯一的可取之处，就在于他对妻子玛格丽特的认同；全靠妻子的感召，奥兰治威廉王子③ 才回归了正途；查士丁尼大帝④ 公开承认，他制定的法律法规之所以公正贤明，全靠妻子西奥多拉的点拨；虽然安德鲁·杰克逊⑤ 的妻子穿着朴素，常常被上流社会的贵妇人嘲

---

① 都德（Alphonse Dudet，1840-1897），19 世纪法国著名现实主义小说家。

② 亨利六世（Henry VI，1421-1271），英国兰卡斯特王朝的最后一位英格兰国王，由于他的软弱，英格兰陷入血腥的玫瑰战争。

③ 威廉王子（William Prince of Orange，1840-1879），荷兰威廉三世的长子。

④ 查士丁尼大帝（Justinian，483-565），东罗马帝国拜占庭皇帝。

⑤ 安德鲁·杰克逊（Andrew Jackson，1767-1845），美国第七任总统（1829-1837）。

笑，但她绝对是杰克逊的力量源泉和强大后盾；华盛顿 40
年如一日把夫人的画像挂在脖子上，无论是在福吉谷[①]，还
是在总统的宝座上，妻子都给予了他莫大的鼓励；伯利克
里[②] 声称，他的雄辩之才和治国之才，都是从妻子身上学到
的。

　　罗伯特·彭斯在农田耕地时，爱上了一位农村姑娘，并
与之成婚。弥尔顿也娶了一位乡绅的女儿，但一起生活了很
短的一段时间便分开了。他生性文静，喜欢独自沉浸于文
学之中。然而，他的妻子却是个活泼爱玩的农村姑娘，无
法忍受死气沉沉的家庭。于是，他们分居了。后来，她又回
到弥尔顿的身边。从此，两个人互相包容，在一起幸福快乐
地生活。

　　维多利亚女王与丈夫艾伯特王子原是表兄妹，他们彼
此相爱，忠诚于对方。在英国王室中，很少有像他们那样忠
贞不贰的情深伉俪，他们之间的感情甚至超越了结婚誓言上
的说辞。莎士比亚也爱上了农民家的女儿，并将她娶了回
家。虽然华盛顿的妻子是带着两个孩子的寡妇，但这丝毫没

----

①　福吉谷（Valley Forge），美国的革命圣地，1777 年冬，费城陷落，
华盛顿率领败兵残将在这里修整，是整个独立战争里最艰难的时光。

②　伯利克里（Pericles，B.C.495-B.C.429），古希腊著名政治家。

有影响他们婚姻的和谐。约翰·亚当斯娶了长老教会牧师的女儿，虽然遭到了岳父的反对，但并不妨碍他们夫妻之间的幸福。著名慈善家约翰·霍华德和 52 岁的护士结了婚，而他当年才 25 岁。虽然那位护士不论在社会地位上还是知识水平上，都配不上霍华德，但他们的婚姻生活和谐幸福。但是，幸福生活只持续了两年，霍华德夫人就离开了人世。

沙俄彼得大帝也把一位农村姑娘娶回了家，结果证明，这位出身贫寒的皇后不仅是一个好妻子，更是睿智聪慧的国母；洪堡爱上了一位家境贫穷的姑娘，并与其结为连理，婚后生活一样幸福美满。

在好友的鼓动下，伟大的电学家爱迪生产生了结婚的念头。他的朋友劝爱迪生："你应该为大房子和众多的仆人找一位女主人了。"尽管爱迪生性格内向，但他似乎很赞成这个提议，并咨询了朋友的意见。很明显，爱迪生希望与相爱的人结婚。这位朋友对此想法不以为然，不耐烦地给出了自己的建议："随便找个人就好啦。"然而，爱迪生愿意为了遇到那个让自己心仪的女子而等待。直到有一天，爱迪生站在了员工史迪威小姐的背后，史迪威小姐是个电报员，正坐在椅子上工作，突然转过身对爱迪生说："先生，每次你在我身后或附近，我都能知道。"爱迪生对此毫不吃惊，反而是史迪威小姐吓了一跳。爱迪生站在年轻小姐的面前，眼中闪烁着一贯的率真和狂热，盯住史迪威小姐说道："我最近常常想到你，并很仔细地思量过了。如果你愿意嫁给我，我要娶你为妻。"史迪威小姐表示会考虑他的求婚，回家后便和母亲商量。一个月后，他们结婚了，并生活得非常快乐。

勃朗宁[1]的诗歌是出了名的晦涩难懂，所以当得知他要娶女诗人巴雷特小姐[2]为妻时，华兹华斯怀疑道："希望他们能够彼此理解。"当然，勃朗宁夫人认为自己是能够理解丈夫的，她在写给朋友的信中说道："除了我，没人真正能够理解他。我聆听到他的心声，与他共同呼吸。"在巴雷特小姐的朋友看来，跟诗人结婚是上帝的诱惑，是有风险的，尤其当两个人都是情感敏感细腻的诗人时，这种风险更是加了一倍。然而，出乎所有人的意料，他们婚后恩爱异常。肯布尔夫人在罗马时与勃朗宁夫妇交往甚密，她评价这对夫妇说道："我从来没有见过像勃朗宁先生那样奉妻子为神明的男人。"

埃德蒙·伯克[3]说道："只要我一踏入家门，所有的烦恼

---

① 勃朗宁（Robert Browning, 1812-1889），英国诗人。

② 伊丽莎白·巴雷特（Elizabeth Barrett Browning, 1806-1861），19世纪英国著名的女诗人。

③ 埃德蒙·伯克（Edmund Burke, 1729-1797），爱尔兰政治家、作家、演说家、哲学家。

便都烟消云散了。"拥有这样的家庭，埃德蒙是多么幸运啊。

卢瑟这样评论婚姻："上帝给予人类最珍贵的礼物，莫过于一个虔诚的好妻子。他可以把全副的身家、幸福甚至生命都托付给这样的妻子。拥有了贤良淑德的妻子，即拥有了平静安宁的生活。"卢瑟继续说道："早结婚就像早起床一样，永远不会叫人失望。"

一个成功男人的背后，必定有一个默默奉献的妻子。

一个著名女演员写道："我曾经在赫普沃斯·狄克逊[①]晚年的时候问他，为什么有些女人可以牢牢抓住丈夫的心，而有些女人则只能维系几个月至几年的婚姻。我这样问道：'男人们都希望拥有怎样的妻子呢？'狄克逊先生这样回答了我的问题：'好妻子应该是一个枕头。'看到我不解的眼神，他继续解释道：'这就是男人希望拥有的妻子啊，一个可以让心休息的枕头。男人在外奔波劳累，希望回到家后可以得到妻子的抚慰，提供一个可以供他休息的枕头。像镜子一样准确无误地洞察到丈夫的心声，并抚慰医治丈夫疲惫受伤的心，这样的女人，你以为男人会背叛吗？'"聪明的夫人一点就通，并点头称是："你说得对。"好妻子应该像穆罕

---

① 赫普沃斯·狄克逊（William Hepworth Dixon，1821~1879），英国历史学家。

默德的妻子一样，在所有人都不相信她的丈夫时，仍然选择和丈夫站在一起。

俾斯麦将军就愿意公开谈论自己的妻子，并说道："正是她成就了现在的我。"

沃尔特·萨维奇·兰多[1] 的婚姻则不尽如人意。他在匆忙中定下了终身大事，在闲暇时品尝后悔果。这位英国诗人在一次舞会上，认识了未来的妻子并一见钟情，当即就决定要娶她为妻。他们很快就闪电似的结了婚。然而，兰多夫人不久便开始觉得"不通过争吵，她和丈夫很难真正沟通"，而每次争吵都是以兰多夫人抱怨丈夫岁数太大而收场。甚至在度蜜月的时候，她也毫不留情地伤害了丈夫的尊严。兰多为他的新娘子朗读自己的诗作，也许她嫌自己念得不好，便夺过来以更优美的声音朗读。或者，兰多夫人会挣脱丈夫的臂膀，跳出来，说道："噢，别再念了，沃尔特，街上正在进行精彩的拳击表演呢，我要到窗前观看。"

贤德之妻一旦发现丈夫身上长出岔道的枝叶，马上一刀剪掉。她会经常修剪丈夫这棵盆栽，以保持漂亮的形状。只要你说出一句蠢话，她马上帮你指正。如果你打算干荒唐

---

① 沃尔特·萨维奇·兰多（Walter Savage Landor,1775-1864），英国诗人、散文家。

的事，她也很快能找到办法劝阻你。女人毫无疑问比男人更明白事理，男人做出的明智决定，通常都是咨询了妻子意见后的结果。妻子是丈夫的修枝剪刀，如果你看到一个不修边幅、头发凌乱、大衣上没有纽扣的男人，十有八九是单身汉。

有人就如何与妻子相处提出了明智的建议："首先，娶个老婆回家；然后，发扬男人的忍耐精神。也许你工作不顺利，困难重重，对前景感到茫然，但也千万不要把愁眉苦脸带回家，因为你的妻子也有可能遇到同样很多不顺心的事情。或许她的问题没有你的严重，但同样不胜负荷。然而，妻子的苦恼，只需你的一句安慰话，一个温柔的眼神，就可以奇迹般地烟消云散。"

男人工作不顺利了，犹可以在外面呼吸新鲜空气排解苦闷。女人则从早到晚都只能待在家里，身体和精神渐渐变得脆弱无比。

"丈夫应该多加留意妻子的付出，并对妻子表示感谢，让妻子感到欣慰。不要想当然以为妻子应该做这些事情，对妻子的付出没有一点表示。丈夫们应该细心想想，自己还忽视了妻子的哪些付出。"

不要冷淡对待妻子的一腔热情，更不要耍大男人主义，觉得顺从妻子有失尊严，是丢人的事情。妻子和丈夫一样有自己的喜好和习惯，而做丈夫的永远不去考虑妻子的感受，不知道妻子为了迁就自己做了多大的牺牲。你有没有站在妻子的角度思考过问题？如果没有，那就开始尝试吧。当你觉得很难做出让步时，就站在妻子的角度看问题，你会发现妻子多么努力地想将你的愿望变成她自己的愿望（妻子们通常都能成功地做到这点）。你能不被感动吗？

不要让妻子觉得你已经不爱她了。丈夫的冷淡很容易让妻子产生误会。作为丈夫，应该给予妻子安全感，让她敬仰你，觉得可以依赖你。

弗朗西斯·E·威拉德[①] 说："婚姻无疑提供了毁灭一个人的最好机会。世上再也没有人能比丈夫更容易带给女人致命的一击，也没有人比妻子更能叫丈夫心灰意冷，甚至萎靡不振。一个男人只要没有娶到恶妻，事业上总会有翻身的机会。而对于女人而言，最怕的就是嫁错了郎。"

乔治·艾略特说道："有什么能比两个灵魂真心结合在一起更伟大？两个人在一起生活，一起分担工作，互相安慰，互相依靠，即使有一方先行离世，也会永远活在对方的

---

① 弗朗西斯·E·威拉德（Frances Elizabeth Willard，1839-1898），美国教育学家、妇女参政论者。

回忆里。"

　　因此，没有不合格的另一半，只有不合适的另一半。如果选错伴侣，不能真正与之融为一体，也就很难得到幸福和快乐。

　　"相爱的恋人，一方是高贵的女子，另一方是配得上她的男人，这样的婚姻才称得上是美满幸福，就像太阳一样光芒万丈，让希腊诗人从中看到了神明，驻足欣赏。

　　"幸福的婚姻是每个人都可以获得的。只要两人真心相爱，真诚以对，就可以组建一个真正的家庭。

　　"在这个遍地都是机会的国家，没有成家的男人不能算是真汉子。只要他不像时下男女那样抱有愚蠢的独身主义思想，世界上再也没有一个国家能比美国更容易找到对象的了。现代文明最悲哀之处，莫过于单身主义的流行。没钱结婚的人也越来越多，已然成为了当今社会的严重问题。

　　"当然，不是所有男人都有能力养家糊口。在对工作满意的前提下，他必须保证能够保住职位，并且薪水足够高，可以在养家之余，剩下一些钱以备将来不时之需。发下誓言，愿意与丈夫同甘共苦的女孩，如果骨子里是一个好妻子，就不应该反对丈夫建造自己的乐园。也许刚开始经济不宽裕，以后也没有得到幸运女神的眷顾，不过就算是贫贱夫妻也可以做到恩爱。也许新婚的时候对丈夫经济上的不济感到不满（妻子不应该过分依赖丈夫），但在一起经历过悲欢离合、风风雨雨后，这样的夫妻就算在狭小的居室里，也能够感受到神圣的快乐。"

福音传道者德怀特·L·穆迪写道："年轻的姑娘总是抱有自欺欺人的幻想，以为结婚可以改变男人，结果让自己过得很不快乐。我无法理解为什么总有女孩子相信只要自己以身相许就可以拯救恶棍的灵魂。现在，每个社区都有这样的事情发生，看到成百上千个这样的事例，看到无辜受罪的可怜妻子以及她们那支离破碎的家庭，难道她们还不醒悟吗？虽然我身边没有这样的女性朋友，但我听说过很多这样的事例，无一不是以悲惨结局收场。希望年轻的姑娘们不要再天真地以为，自己可以改变一个连他的母亲和姐妹都无法改变的男人。在缔结婚约之前，千万要先确认对方是否真正改过自新了。"

从某种程度上说，年轻男子应该从功利的角度看待婚姻，因为一个好妻子好比一笔财富，能够成就一个成功的男人。好妻子应当能够让丈夫把精力集中在工作上，以提高工作效率。例如，她可以为丈夫出谋划策，帮助丈夫更好地完成工作。不要总是说男人天生没良心这类的话，也不要说女人天生没大脑的话，心和脑同样重要，只有联合起来才能到达真理的彼岸。只要一个女人不想变成男人，不对此着迷，她在婚姻里扮演的角色便是举足轻重的。有些女人对此不以为然，年轻男子如果要娶此类女子应当谨而慎之。如果你想娶一个妻子而不是家庭主妇，就一定要擦亮眼睛。就像壁炉里的火温暖你的身体一样，妻子也能用其女性的温柔让你感到温暖，化解你心中的倔强，情感上的冰霜，使你变得快乐而充满活力。

前总统约翰·昆西·亚当斯退休后，前往波士顿的一所女子学校做演讲，动情地说道："小的时候，我在上帝给予人类最美好的祝福中成长。我有一个爱我的母亲，她充满了智慧，懂得如何帮助孩子塑造好性格。在母亲那里，我学到了贯穿我一生的知识（有宗教上的，但更多是道德上的）。母亲的教诲也许并非十全十美，但出于对母亲的公正，我不得不说，我在人生之路不管犯下了什么错误，背离了母亲对我的教诲，那都是我自己的错。"

一位智者说："看到越来越多的父母花钱装饰房子，我感到很欣慰，因为这样做可以让孩子喜欢留在家里。不过花钱给孩子买漂亮衣服和珠宝首饰则作用相反，会鼓励孩子花更多的时间在外面闲荡而不是回家。他们会喜欢跑到热闹的地方，享受备受瞩目的快乐。"